Gajanan Mule

Microbiologia

Gajanan Mule

Microbiologia

Básico para um estudante de nível básico

ScienciaScripts

Imprint

Cover image: www.ingimage.com

This book is a translation from the original published under ISBN 978-620-8-06591-1.

Publisher:
Sciencia Scripts
is a trademark of
Dodo Books Indian Ocean Ltd. and OmniScriptum S.R.L publishing group

120 High Road, East Finchley, London, N2 9ED, United Kingdom
Str. Armeneasca 28/1, office 1, Chisinau MD-2012, Republic of Moldova, Europe
Managing Directors: Ieva Konstantinova, Victoria Ursu
info@omniscriptum.com

Printed at: see last page
ISBN: 978-620-8-58837-3

ÍNDICE DE CONTEÚDOS

Introdução e âmbito de aplicação da microbiologia

Atualmente, estamos na era da microbiologia. Os microrganismos são reconhecidos como instrumentos básicos de investigação, pois ajudam a compreender as bases químicas e físicas da vida, uma vez que constituem o grupo dominante de organismos vivos na biosfera e estão ativamente envolvidos nas nossas actividades quotidianas. A microbiologia abre caminho, em primeiro lugar, à análise do contexto bioquímico e genético dos seres vivos. Além disso, uma vez que os micróbios são excelentes modelos para compreender as funções celulares e desempenham um papel importante no domínio da medicina, da agricultura e da indústria, que assegura o bem-estar humano, a microbiologia é considerada um dos ramos vitais da ciência, com objectivos extremamente promissores. A microbiologia não é apenas um pequeno tema a explorar. O estudo de organismos microscópicos, tais como bactérias, vírus, fungos e protozoários, revolucionou a nossa compreensão da doença, da saúde e do ambiente. Os cursos de microbiologia podem ser frequentados a nível de licenciatura, pós-graduação e doutoramento. Os estudos de microbiologia incluem disciplinas como a estrutura celular, o metabolismo, a genética, o crescimento e o controlo, a microbiologia ambiental, etc., que criam oportunidades de emprego em vários sectores, como os cuidados de saúde, a biotecnologia, a investigação, as ciências ambientais, as ciências dos lacticínios e a agricultura. Os estudantes de microbiologia podem procurar carreiras em perfis profissionais como microbiologista clínico, microbiologista ambiental, micologista, parasitologista, virologista, etc. Numerosas organizações governamentais oferecem oportunidades de emprego a estudantes de Microbiologia, tais como institutos de investigação, centros médicos e instituições agrícolas.

As técnicas de microbiologia são necessárias para estudar a estrutura, a função, o metabolismo e a genómica dos microrganismos. Ajudam a compreender como os micróbios funcionam, interagem com os organismos vivos, causam doenças e como podem ser aplicados para uso humano. As técnicas laboratoriais fundamentais da microbiologia incluem técnicas asssépticas, técnicas de cultura, enumeração de bactérias e identificação de diferentes classes de microrganismos. Estas técnicas constituem a base da investigação avançada e das experiências realizadas com microrganismos. Os dados obtidos através destas experiências também estão relacionados com outros ramos da biologia, incluindo a biologia molecular, a ciência do solo, a agricultura e a evolução dos organismos. O estudo microbiano tem ajudado os cientistas de muitas formas, desde a compreensão do início da vida na Terra até à utilização de micróbios para controlar a poluição. Além disso, a utilização eficiente destas ferramentas microbiológicas permite uma compreensão mais profunda da vida microbiana e a descoberta de novas espécies com novos mistérios.

A microbiologia tem cerca de seis ramos principais. São os seguintes

A microbiologia agrícola trata do ciclo de nutrientes do solo por micróbios de diferentes grupos, como bactérias, fungos, actinomicetas e protozoários. A decomposição microbiana de resíduos orgânicos, os micróbios associados às plantas que melhoram a fertilidade do solo, etc. O grupo dominante de microrganismos encontrados no solo e nas plantas é o das bactérias. Estas bactérias estão presentes numa relação simbiótica com as plantas para ajudar em processos como a fixação de azoto e o fornecimento de minerais.

A microbiologia alimentar abrange informações sobre os micróbios envolvidos na deterioração dos alimentos; doenças transmitidas pelos alimentos, produtos alimentares comerciais preparados com micróbios, etc.

Segue-se uma lista de agentes patogénicos e infecciosos de origem alimentar de interesse para a saúde pública. Esta lista não é exaustiva; no entanto, contém a maioria dos agentes patogénicos de origem alimentar que afectam a carne, as aves de capoeira e os ovos.

Quadro 1: As bactérias afectam os alimentos que são consumidos pelo público infetado

De alimentos Bactérias (Gram positivas)	De bactérias alimentares (Gram negativas)
1) Listeria monocytogenes	*2) Salmonella spp*
3) Staphylococcus aureus	*4) Campylobacter spp*
5) Bacillus cereus	*6) Escherichia coli 0157:H7*
7) Bacillus anthracis	*8) Yersinia enterocolitica*
9) Clostridium botulinum	*10) Brucella spp. etc.*
11) Clostridium perfringens	

Quadro 2: Os vírus que afectam os alimentos que são consumidos pelo público infectam-nos

1) Hepatite	*2) Rotaviruse*

Quadro 3: O prião, a ténia e a lombriga afectam os alimentos que são consumidos pelo público infetado

Prion :-	**nova variante da DCJ**
Ténia:-	***Taenia spp***
Lombrigas:-	***Trichinella spp***
Protozoários:	***Toxoplasma spp, Sarcocystis spp***

A microbiologia industrial explora a utilidade dos micróbios na produção de antibióticos, enzimas, bebidas alcoólicas, produtos alimentares fermentados, etc. A microbiologia industrial envolve a utilização de microrganismos para produzir alimentos ou produtos industriais em grandes quantidades. Numerosos microrganismos são utilizados na microbiologia industrial. Os microrganismos e o seu papel são os seguintes

1) *Saccharomyces cerevisiae* (fabrico de cerveja e de pão)
2) *E. coli* (bactérias como a proteína recombinante)
3) *Aspergillus niger* (um fungo para a produção de ácido cítrico e enzimas)
4) *Clostridium butyclicum* (bactéria utilizada no iogurte e no queijo)
5) *Xanthomonas campestri* (bactéria produtora de goma xantana)
6) *Deinococcus radiorans* (bactérias para a recuperação do solo e da água)

A microbiologia médica ocupa-se dos estudos relacionados com os micróbios que causam doenças, as suas medidas de diagnóstico e de prevenção, a conceção de medicamentos, etc.

Entre as doenças causadas por microorganismos, muitas são causadas por vírus, bactérias e fungos. Entre elas destacam-se:

Doenças causadas por vírus	Doenças causadas por bactérias	Doenças causadas por fungos
1) **Constipação comum**	1) *Botulismo*	1) *Pneumonia por Pneumocystis*
2) **Gripe**	2) *Tifoide*	2) *Blastomicose*
3) **Verrugas, incluindo**	3) *Tuberculose*	3) *Histoplasmose*

verrugas genitais		
4) **Herpes oral e genital**	4) *Cólera*	4) *Micose*
5) **Meningite**	5) *Difteria*	5) *Pé de atleta*
6) **Sarampo**	6) *Meningite bacteriana*	6) *Comichão de jock*
7) **Gastroenterite viral**	7) *Tétano*	7) *Criptococose*
8) **Varicela/coqueluche**	8) *Doença de Lyme*	8) *Febre do vale*
9) **Muitas variantes da hepatite**	9) *Gonorreia*	9) *Candidíase*
10) **Dengue**	10) *Sífilis*	10) *Aspergilose*
11) **VIH e SIDA**	11) *Estreptococos*	11) *Infecções vaginais por leveduras*
12) **Febre amarela**	12) *Infeção do trato urinário (ITU)*	12) *Tordo*

Estes são micróbios causadores de doenças estudados pelo microbiologista médico

A microbiologia aquática trata da purificação da água e da degradação biológica de resíduos em ecossistemas aquáticos por micróbios. Bactérias. Alguns dos organismos mais pequenos e mais antigos da Terra, as bactérias estão presentes em praticamente todos os ambientes e são abundantes em todos os sistemas aquáticos. ...Fungos. Os fungos ocorrem como células individuais e em filamentos chamados hifas. ...Protozoários. ...Algas e Fitoplâncton. ...Perifíton e Biofilme.

A microbiologia aeronáutica trata dos microrganismos presentes no ar, da sua abundância e dos seus efeitos benéficos ou prejudiciais. O material biológico, incluindo microrganismos e toxinas, pode ser encontrado no ar ou na atmosfera, e o estudo desta área é designado por "aero-microbiologia". Os materiais biológicos transportados pelo ar são conhecidos como bioaerossóis. Este capítulo apresenta os conceitos básicos da aero-microbiologia, incluindo a natureza dos bio-aerossóis e os fundamentos da via aero-microbiológica (AMB). Descreve-se a natureza da atmosfera como um habitat microbiano e os factores que influenciam a sobrevivência microbiana no ar. Segue-se uma discussão sobre a microbiologia aérea extramuros relacionada com a aerossolização de agentes patogénicos indígenas do solo; pandemias de gripe; microbiologia nas nuvens; agricultura; eliminação de resíduos; e toxinas transportadas pelo ar. A microbiologia intramuros em edifícios é discutida no que respeita à saúde pública em edifícios, hospitais e laboratórios. Finalmente, são documentadas as medidas de controlo dos bioaerossóis, incluindo a biossegurança no laboratório.

A exomicrobiologia tem a ver com a exploração da vida no espaço exterior.

A Microbiologia Geoquímica analisa a vida microbiana e a sua contribuição nas áreas de formação de carvão, petróleo e gás.

História da Microbiologia

Robert Hooke (1635 - 1703) foi um "polímata" que fez muitas descobertas científicas no século XVII, incluindo o fabrico de um dos primeiros microscópios e a utilização de uma cópia de um dos microscópios de Leeuwenhoek para ver e desenhar pormenores da estrutura das células vegetais e de alguns micróbios.

Antony van Leeuwenhoek (1632-1723) fabricou os primeiros microscópios úteis no século XIX, eram extremamente difíceis de fabricar e utilizar, eram essencialmente uma lente presa num clipe de metal, a lente era feita a partir de uma pequena gota de vidro fundido, e utilizou esse microscópio para ver as primeiras células microscópicas.

Ilya Metchnikoff (1845-1916) foi o primeiro a perceber que os animais, como nós, tinham um sistema de defesa contra as infecções, a que hoje chamamos sistema imunitário.

Paul Ehrlich (1854-1915), à procura da "bala mágica" contra as doenças infecciosas, sintetizou o primeiro medicamento bem sucedido (mas muito tóxico) contra uma doença - a sífilis, um derivado do arsénico a que chamou salvarsan.

Gerhardt Domagk (1895-1964) desenvolveu o primeiro medicamento útil contra uma variedade de infecções bacterianas, o primeiro medicamento à base de sulfa - prontosil. Ironicamente, morreu de uma infeção!

Sir Alexander Fleming (1881-1955) e Selman Waksman (1888-1973) descobriram os primeiros antibióticos relativamente seguros e eficazes (de origem natural) - isolados de microrganismos. Fleming descobriu a penicilina, Waksman descobriu a estreptomicina e uma série de outros antibióticos.

Louis Pasteur (1822-1895) foi um químico, fez muitas descobertas importantes e realizou uma experiência crucial utilizando um balão de pescoço de cisne que provou que a vida nova não surgia espontaneamente de substâncias como a carne em decomposição. Durante séculos antes de Pasteur, muitas pessoas acreditavam na Geração Espontânea - a crença de que a vida é gerada espontaneamente a partir de matéria orgânica morta.

Robert Koch (1843-1910) e os seus colegas fizeram muitas descobertas importantes no domínio da microbiologia. Koch iniciou a utilização do gel de polissacáridos de algas marinhas, denominado ágar, como material estável para a formação de um gel no qual podiam ser cultivadas colónias separadas e puras (de uma única espécie) de bactérias e fungos (na realidade, foi a mulher de um colega seu que o sugeriu), o que constituiu um avanço fundamental, tendo também enunciado e utilizado os postulados de Koch (abordados mais adiante) necessários para provar que um determinado organismo causava uma determinada doença.

Desde os anos 40, a microbiologia tem vivido um período extremamente produtivo, durante o qual foram identificados muitos micróbios causadores de doenças e desenvolvidos métodos para os controlar. Os microrganismos foram também eficazmente utilizados na indústria; as suas actividades foram canalizadas ao ponto de os produtos valiosos serem agora vitais e comuns.

Microbiologia, estudo dos microrganismos, ou micróbios, um grupo diversificado de formas de vida simples, geralmente diminutas, que inclui bactérias, archaea, algas, fungos, protozoários e vírus. O campo está preocupado com a estrutura, função e classificação desses organismos e com as formas de explorar e controlar as suas actividades.

Técnica utilizada em microbiologia

As técnicas de microbiologia são classificadas com base no tipo de experiências. Inclui:[2]

1) **Técnicas de assepsia e de cultura**
2) **Enumeração de bactérias**
3) **Identificação de agentes patogénicos**

Estas técnicas não abrangem todas as técnicas microbiológicas; no entanto, são fundamentais para todas as práticas efectuadas nos laboratórios de microbiologia.

Técnicas de assepsia

Os microrganismos estão em todo o lado e, para estudar organismos específicos, é essencial cultivá-los num ambiente de laboratório rigorosamente controlado. Um ambiente completamente estéril protege a cultura microbiana pura da contaminação por outros organismos que entram através do ar, da água ou de outras fontes não estéreis.[2]

Algumas técnicas utilizadas nos laboratórios para manter um ambiente completamente assético incluem:[2]

1. Esterilização

É a remoção completa de todas as outras formas microbianas, incluindo vírus, bactérias, fungos, esporos e outras células vegetativas da superfície ou do meio de cultura.

Com base no objetivo da esterilização, o método é classificado em dois grupos:

1) **Métodos físicos:** Envolve a eliminação de contaminantes ou formas microbianas utilizando calor, luz solar, secagem, filtração ou técnicas de irradiação (por exemplo, UV, infravermelhos, radiação gama e raios X).
2) **Métodos químicos:** Utiliza produtos químicos como o fenol (e quaisquer outros compostos relacionados), corantes, sabões, detergentes, álcool, compostos gasosos e metais pesados e seus compostos para destruir os microrganismos.

2. Desinfeção

A desinfeção é o processo de eliminação de micróbios ou de inibição do seu crescimento em objectos inanimados ou superfícies através da utilização de agentes físicos ou químicos como o fenol, o cloro, o álcool, os metais pesados e os seus compostos.

3. Sanitização

É a eliminação completa de todos os micróbios patogénicos e não patogénicos das superfícies para reduzir a contaminação. Também é utilizada no dia a dia para higienizar as mãos ou em restaurantes, fábricas de lacticínios e cervejeiras para remover micróbios e evitar infecções e contaminações.

Envolve a utilização de produtos de limpeza à base de cloro, produtos de limpeza à base de álcool, formaldeído e peróxido de hidrogénio.

<u>Técnicas de cultura</u>

Antes de introduzir a estirpe microbiana nos meios de cultura, são seguidas as técnicas de isolamento e inoculação.

1. Inoculação

É uma técnica básica utilizada nos laboratórios de microbiologia para colocar culturas microbianas num meio de cultura. É efectuada utilizando um aparelho, chamado ansa de inoculação, feito de fio de platina ou nicrómio com uma ansa numa das extremidades. A pequena amostra recolhida e transferida da cultura é conhecida como inóculo.

2. Isolamento

O isolamento é uma técnica microbiológica em que uma estirpe microbiana específica é isolada a partir de uma cultura mista de microrganismos através da cultura dos micróbios num meio de cultura seletivo [3]. No entanto, o procedimento deve ser repetido várias vezes para eliminar a contaminação por outros micróbios e obter uma cultura pura da estirpe microbiana, que é então observada em placas de cultura como colónias individuais discretas/isoladas.

Técnicas de cultura

Os micróbios são cultivados em laboratório em meios de cultura, que fornecem as suas necessidades nutricionais. Estas necessidades variam consoante os microrganismos, pelo que os cientistas desenvolveram uma série de receitas de meios de cultura para obter a estirpe microbiana desejada[3].

1) **Meio simples ou basal:** É constituído por cloreto de sódio, peptona, extractos de carne e água, por exemplo, Caldo Nutriente.
2) **Meios complexos:** Contém um ingrediente especial adicional que ajuda a realçar uma caraterística especial ou a fornecer nutrientes para o crescimento de certos micróbios. Pode conter extractos de plantas, animais e leveduras, tais como sangue, extractos de leveduras, soro, leite, extractos de carne, digeridos de soja e peptona.[4]
3) **Meios sintéticos ou definidos:** São utilizados para fins de investigação. São preparados seguindo uma fórmula exacta e misturando água destilada com quantidades específicas de produtos químicos inorgânicos e orgânicos.[4]
4) **Meios especiais:** O meio básico suporta o crescimento de um largo espetro de formas microbianas. No entanto, é necessária uma condição especial de crescimento para a cultura e o isolamento de apenas um determinado tipo ou estirpe selecionada de bactérias. Estes meios formulados para cultivar um microrganismo selecionado são conhecidos como meios especiais. São ainda classificados em diferentes grupos
    1. **Meio seletivo:** Inibe o crescimento de microrganismos selecionados, permitindo o desenvolvimento de outros. Exemplos incluem o meio de citrato de desoxicolato para bacilos da disenteria ou o ágar de sal de manitol contendo 7,5% de NaCl para *Staphylococcus*.
    2. **Meios enriquecidos:** Contém substâncias orgânicas complexas como a hemoglobina, o soro, o sangue ou factores de crescimento para apoiar o crescimento de determinados micróbios. Exemplos são o ágar sangue (muito utilizado para cultivar certos estreptococos e outros agentes patogénicos) e o ágar chocolate.
    3. **Meio indicador:** Contém um indicador que muda de cor quando uma determinada bactéria cresce no meio. Por exemplo, a adição de sulfito no meio Wilson e Blair muda de cor para preto quando as colónias de *Salmonella typhi* crescem no meio.

4. **Meios diferenciais:** Estes meios permitem o crescimento de diferentes espécies de bactérias e distinguem-nas com base no seu tamanho, forma, cor ou formação de bolhas de gás ou precipitados no meio. São exemplos o meio MacConkey e o ágar-sangue.
5. **Meio de transporte:** É uma solução tampão que contém peptona, hidratos de carbono e outros nutrientes (exceto factores de crescimento) para manter a viabilidade das bactérias durante o transporte sem permitir a sua multiplicação. Um exemplo é o meio Stuart para gonococos.
6. **Meios anaeróbios:** Contém ingredientes que favorecem o crescimento de bactérias anaeróbias. Um exemplo é o meio de carne cozinhada da Robertson.

Técnicas de cultura comuns

1) **Método da placa de sementeira**: Nesta técnica, uma ansa de inoculação é mergulhada numa suspensão diluída de microrganismos e espalhada na superfície sólida do meio de cultura. A placa que é semeada é conhecida como placa de semeadura. O método é geralmente utilizado para obter colónias de bactérias individuais a partir de uma suspensão concentrada ou para preparar uma cultura pura de uma estirpe bacteriana.
2) **Método da placa espalhada:** Neste método, um volume muito pequeno da suspensão líquida do microrganismo é vertido sobre a superfície solidificada da placa contendo o meio. Em seguida, utiliza-se uma vareta de vidro em forma de L para espalhar uniformemente o líquido por toda a superfície da placa. Este procedimento é realizado para obter colónias individuais dos microrganismos, mas pode também contar o número da população microbiana.
3) **Método da placa de derrame:** Nesta técnica, uma suspensão de microrganismos diluída em série é pipetada numa placa de Petri estéril. Em seguida, é vertido na placa um meio de cultura liquefeito e arrefecido. Depois de o meio ter solidificado, a placa de cultura é incubada para se verificar um crescimento bacteriano específico. É realizado para estimar a contagem de bactérias viáveis numa suspensão microbiana.

Incubação

Depois de os microrganismos serem inoculados nas placas, estas são seladas da base à tampa com fita adesiva para evitar a contaminação. Em seguida, as placas são mantidas na incubadora durante o tempo e a temperatura necessários para o crescimento dos organismos. Além disso, manter as placas numa posição invertida evita a formação e a queda de gotículas de água no meio de cultura.

Se for necessário armazenar as amostras microbianas para experiências posteriores, são utilizadas as seguintes técnicas de armazenamento:

1) Refrigeração
2) Congelação profunda
3) Liofilização
4) Congelação em azoto líquido

Enumeração de bactérias

A contagem de colónias microbianas é uma tarefa essencial na realização de uma série de experiências. Seguem-se algumas técnicas de contagem:[6]

1) **Diluição em série:** É utilizada para reduzir a concentração de bactérias a uma quantidade necessária para efeitos de experimentação ou de processos de cultura [5]. Ajuda a contar o número de populações microbianas e a realizar experiências com o número necessário de populações microbianas.
2) **Contagem de placas:** Aplicando o método de contagem de placas, é possível determinar quantas colónias microbianas podem potencialmente emergir sob determinadas condições físicas e químicas, tais como pH, temperatura, nutrientes disponíveis e compostos inibidores de crescimento.[6]
3) **Número mais provável (NMP):** Nesta técnica estatística, um caldo é inoculado numa diluição de 10 vezes, prevendo-se o número de microrganismos viáveis por volume numa determinada amostra.[6]
4) **Utilização do espetrofotómetro:** O espetrofotómetro é utilizado para estimar o crescimento dos microrganismos na cultura em função do tempo ou num determinado momento.

Identificação do agente patogénico

A identificação de agentes patogénicos é importante para várias aplicações. Por exemplo, é utilizada para saber qual o micróbio que está envolvido na contaminação e deterioração dos alimentos, que tem aplicações úteis na vida humana, e qual o microrganismo que causou uma determinada doença para um diagnóstico e tratamento corretos nos hospitais.

Os micróbios são identificados através de....

1) **Morfologia:** Este é o primeiro passo no processo de identificação em que os microrganismos são avaliados a olho nu com base na textura, forma e tamanho da colónia.
2) **Técnicas de coloração:** A identificação é efectuada através da coloração dos micróbios com determinados produtos químicos e da sua observação ao microscópio para avaliar as suas propriedades celulares[5].
    1. Coloração simples: Neste método, as bactérias são coradas com um único reagente e identificadas com base no seu tamanho, forma e disposição das células.
    2. Coloração diferencial: Neste caso, são utilizados pelo menos três reagentes químicos para corar as bactérias e a identificação é efectuada com base na cor que o microrganismo apresenta.
    3. Coloração de Gram: Neste caso, são utilizados determinados reagentes químicos para diferenciar dois grupos principais de bactérias, as gram-positivas e as gram-negativas.
3) **Técnicas de microscopia:** Alguns microrganismos, como os vírus, não podem ser identificados com um simples microscópio, como no caso de outros microrganismos. Por conseguinte, é necessário um microscópio eletrónico de alto rendimento para os identificar.
4) **Testes bioquímicos:** Diferentes testes, tais como o teste da oxidase, o teste da catalase, o teste do indol e o teste da Dnase, são realizados para diferenciar os microrganismos com base nas suas actividades enzimáticas[5].
5) **Motilidade:** A capacidade de motilidade dos microrganismos é avaliada para os distinguir de outros microrganismos e identificar os seus grupos.

6) **Serologia microbiana:** É um teste realizado através da utilização de métodos como ensaios de imunoabsorção enzimática (ELISA), western blotting, aglutinação e imunofluorescência direta e indireta para determinar os anticorpos e antigénios bacterianos ou virais.[5]

7) **Análise molecular:** Para identificar, caraterizar e classificar os microrganismos, utiliza-se uma série de técnicas que incluem a análise do perfil plasmídico, o polimorfismo aleatório amplificado do ácido desoxirribonucleico (RAPD), a eletroforese em gel de campo pulsado (PFGE), a reação em cadeia da polimerase multiplex e a sequenciação do ácido desoxirribonucleico (ADN)

Sustâncias de alguns micróbios e suas caraterísticas

Príons

Em tempos, os cientistas acreditavam que qualquer partícula infecciosa devia conter ADN ou ARN. Então, em 1982, Stanley Prusiner, um médico que estudava o tremor epizoótico (uma doença fatal e degenerativa das ovelhas), descobriu que a doença era causada por partículas infecciosas proteicas, ou priões. Uma vez que as proteínas são acelulares e não contêm ADN ou ARN, as descobertas de Prusiner foram inicialmente recebidas com resistência e ceticismo; no entanto, a sua investigação acabou por ser validada e ele recebeu o Prémio Nobel da Fisiologia ou Medicina em 1997.

Estrutura dos priões

Os priões encontram-se em todo o corpo, mas os que causam doenças são estruturalmente diferentes. Poucos deles são mesmo resistentes às proteases. As duas isoformas dos priões são:

1) **PrPc**

Estas proteínas de priões encontram-se na membrana celular e desempenham um papel importante na sinalização e na adesão celular. Estão a ser realizadas mais investigações para descobrir as suas funções.

2) **PrPsc**

Este é o prião causador da doença e é resistente às proteases. Afecta a confirmação do PrPc e modifica-o. Pensa-se que têm mais folhas beta do que as hélices alfa.
Forma também fibras amilóides altamente estruturadas. As outras proteínas livres também se ligam à extremidade destas fibras. Os priões semelhantes com aminoácidos semelhantes só podem ligar-se entre si. No entanto, a ligação entre espécies também é possível, mas é muito rara.

Doenças causadas por priões

Os priões são bastante raros e difíceis de transmitir. Mas são doenças neurodegenerativas progressivas que não têm cura nem tratamento. Estas doenças desenvolvem-se gradualmente.

Sintomas da doença do prião

Seguem-se os sintomas das doenças causadas por priões:

1) Desenvolver a demência
2) Alucinações
3) Fadiga

4) Endurecimento dos músculos
5) Confusão
6) Dificuldade em falar

Viroides

Em 1971, Theodor Diener, um patologista que trabalhava no Serviço de Investigação Agrícola, descobriu uma partícula acelular a que chamou viroide, que significa "semelhante a um vírus". Os viróides são constituídos apenas por uma curta cadeia de ARN circular capaz de se auto-replicar. O primeiro viróide descoberto causava a doença do fuso do tubérculo da batata, que provoca uma germinação mais lenta e várias deformações nas plantas de batata. Tal como os vírus, os viróides do fuso do tubérculo da batata (PSTV) assumem o controlo da maquinaria do hospedeiro para replicar o seu genoma de ARN. Ao contrário dos vírus, os viróides não têm um revestimento proteico para proteger a sua informação genética.

Os viróides podem resultar em perdas devastadoras de culturas agrícolas alimentares comercialmente importantes cultivadas em campos e pomares. Desde a descoberta do PSTV, foram descobertos outros viróides que causam doenças nas plantas. O Tomato planta macho viroid (TPMVd) infecta plantas de tomateiro, causando perda de clorofila, folhas desfiguradas e quebradiças e tomates muito pequenos, o que resulta em perda de produtividade nesta cultura de campo. O viróide da mancha solar do abacateiro (ASBVd) resulta em rendimentos mais baixos e frutos de pior qualidade. O ASBVd é o viroide mais pequeno descoberto até à data que infecta as plantas. O viróide do mosaico latente do pessegueiro (PLMVd) pode causar necrose dos botões florais e dos ramos, bem como ferimentos nos frutos maduros, o que leva ao crescimento de fungos e bactérias nos frutos.

Estrutura dos viróides

Micoplasmas

Os micoplasmas são as células vivas mais pequenas, que não têm uma parede celular definida. Eles são
patogénico para plantas e animais e pode sobreviver sem oxigénio.

Várias espécies são patogénicas para os seres humanos, incluindo *o M. pneumoniae*, que é uma causa importante de pneumonia "ambulante" e de outras doenças respiratórias, e *o M. genitalium*, que se pensa estar envolvido em doenças inflamatórias pélvicas. As espécies de *Mycoplasma* (tal como as outras espécies da classe *Mollicutes*) estão entre os organismos mais pequenos ainda descobertos, podem sobreviver sem oxigénio e têm várias formas. Por exemplo, *o M. genitalium* tem a forma de um frasco (cerca de 300 x 600 nm), enquanto *o M. pneumoniae* é mais alongado (cerca de 100 x 1000 nm) e muitas espécies de *Mycoplasma* são cocóides. Centenas de espécies de *Mycoplasma* infectam animais.

Caraterísticas do Mycoplasma

1) São procariotas aeróbicos simples.
2) Não têm parede celular.
3) Têm uma membrana celular.
4) O seu tamanho é de 0,1-0,15 micrómetros de comprimento.
5) Não possuem núcleo, retículo endoplasmático, mitocôndrias e plastídeos.
6) Os ribossomas são do tipo 70S.
7) São principalmente móveis, mas algumas formas apresentam movimentos de deslizamento.
8) A fissão binária e a brotação são os dois principais modos de reprodução.

Eubactérias

As eubactérias são microrganismos procarióticos constituídos por uma única célula sem núcleo e que contém ADN num único cromossoma circular. As eubactérias podem ser gram-negativas ou gram-positivas e têm importância económica, agrícola e médica. Incluem *E. coli*, *Lactobacilli* e *Azospirillum.*

Caraterísticas das Eubactérias

1. As eubactérias são células procarióticas unicelulares. Contêm um cromossoma circular. Além disso, a parede celular das eubactérias é composta por peptidoglicano. Apresentam grandes diferenças em termos de morfologia e fisiologia.
2. O tipo de célula eubacteriana é procariótica. As suas células não possuem núcleo e organelos celulares presentes nas células eucarióticas. O ADN seu não se encontra no interior de um núcleo.
3. Estas diferenças estruturais entre procariotas e eucariotas são muito importantes, uma vez que a capacidade dos antimicrobianos para eliminar as bactérias depende principalmente do facto de visarem estas diferenças, tornando-os selectivos para as células bacterianas sem afetar as células eucarióticas humanas.
4. O tamanho das bactérias varia entre 0,2 e mais de 50 micrómetros. As bactérias são normalmente unicelulares; no entanto, algumas colónias de bactérias encontram-se como filamentos ou agregados sob a forma de biofilmes de superfície.
5. As bactérias são microrganismos procarióticos unicelulares. As suas células contêm hidratos de carbono, lípidos, proteínas e ácidos nucleicos. Produzem energia e metabolitos utilizando diferentes substâncias químicas, uma vez que as suas células não possuem organelos celulares como os cloroplastos, os núcleos e as mitocôndrias, que desempenham estas funções. Normalmente, o cromossoma bacteriano é circular, no entanto, algumas espécies têm dois cromossomas, como o *Vibrio cholera*, enquanto outras espécies têm um cromossoma linear. O ADN destas células não está ligado a uma histona. Em vez disso, está ligado a diferentes proteínas.

O número de células das eubactérias é apenas um. São células procarióticas individuais. *Não existem bactérias eucarióticas*. As estruturas encontradas nas células das eubactérias são externas ou internas à parede celular.

As estruturas externas à parede celular podem ser flagelos, fímbrias, filamentos axiais, glicocálix ou pili. Cada uma destas estruturas tem uma função distinta, sendo que algumas eubactérias possuem flagelos para facilitar o seu movimento.

Os flagelos são filamentos longos que facilitam a mobilidade das bactérias. Os flagelos são constituídos por três partes principais: *uma porção constituída pela proteína flagelina denominada filamento (ou seja, a parte mais externa e longa), o gancho médio e o corpo basal que liga a membrana plasmática bacteriana e a parede celular.*

Os fímbrias e os pili são estruturas semelhantes aos flagelos, mas mais finas. Os pili ou pilus são projecções finas utilizadas para a conjugação entre bactérias para reprodução. Depois de as bactérias se juntarem através dos pili, o ADN passa de uma célula para outra, pelo que novas caraterísticas, como a resistência aos antibióticos, são transferidas entre as células.

A parede celular das bactérias é constituída principalmente por uma rede de peptidoglicano. Pode estar associada a outras substâncias ou estar presente isoladamente.

O citoplasma é a substância que se encontra no interior das membranas plasmáticas e que serve de suporte para as estruturas internas da célula. Nas eubactérias, o citoplasma contém ADN que não se encontra normalmente no citoplasma eucariótico.

Os eucariotas, os procariotas têm ribossomas para a síntese de proteínas. No entanto, são estruturalmente diferentes no que respeita ao número de ARNr e de proteínas que contêm. Por conseguinte, vários antibióticos actuam inibindo a síntese de proteínas através da ligação aos ribossomas bacterianos sem afetar a célula hospedeira, como o cloranfenicol e a eritromicina.

Cianobactérias

As cianobactérias ou algas verdes azuis são um dos organismos autotróficos mais bem sucedidos da Terra, tendo dominado todos os tipos de ambientes - água doce, água do mar, pântanos salgados, rochas húmidas, troncos de árvores, solos húmidos, fontes termais, águas congeladas.

A sua abundância pode ser avaliada pelo facto de o mar vermelho ter o seu nome devido à coloração proporcionada pelas cianobactérias planctónicas de cor vermelha conhecidas como *Trichodesmium erythraeum.*

As cianobactérias são os organismos fotossintéticos mais autónomos. Podem, por isso, viver em qualquer tipo de ambiente e em qualquer tipo de substrato. Devido a este facto, são um dos primeiros colonizadores de áreas estéreis. Muitos deles têm a capacidade de fixação de azoto.

Morfologia das cianobactérias

As cianobactérias podem ser unicelulares, coloniais ou filamentosas. Cada filamento é constituído por uma bainha de mucilagem e um ou mais filamentos celulares denominados tricomas.

Os filamentos de tricomas simples podem ainda ser de dois tipos, homocistos (= indiferenciados, por exemplo, Oscillatoria) e heterocistos (= diferenciados, com heterocistos, por exemplo, Nostoc). A espirulina tem um filamento enrolado em espiral. Em alguns casos, desenvolvem-se colónias, por exemplo, Nostoc.

Os flagelos estão ausentes, mas são conhecidos movimentos de deslizamento num certo número de cianobactérias. O nome Oscillatoria foi dado a uma alga verde-azul comum com base em movimentos oscilantes semelhantes a um pêndulo na sua região anterior.

Estrutura celular das cianobactérias:

As células das cianobactérias são maiores e mais elaboradas do que as das bactérias. A estrutura celular é tipicamente procariótica - uma organização de envelope com parede de peptidoglicano, ADN nu, ribossomas 70S e ausência de estruturas ligadas à membrana como o retículo endoplasmático, mitocôndrias, corpos de Golgi, plastídeos, lisossomas, vacúolos de seiva.

A parede celular é constituída por quatro camadas, estando o peptidoglicano presente na segunda camada. A parte exterior do protoplasto contém um certo número de tilacóides fotossintéticos. Chama-se cromoplasma. Os tilacóides encontram-se livremente no citoplasma. As suas membranas contêm clorofila a, carotenos e xantofilas. A clorofila b está ausente.

Ligados às membranas dos tilacóides encontram-se pequenos grânulos conhecidos como ficobilissomas. Estes últimos possuem pigmentos fotossintéticos acessórios conhecidos como ficobilinas. As ficobilinas são de três tipos: ficocianina (azul), aloficocianina (azul) e ficoeritrina (vermelha).

Reprodução de cianobactérias:

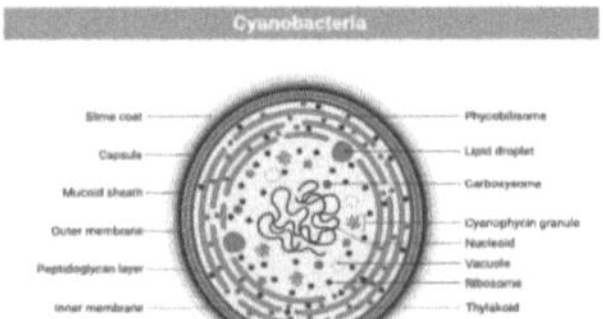

A maioria das cianobactérias multiplica-se por métodos assexuados. Estes últimos incluem a fissão binária, a fragmentação com ou sem formação de pequenos segmentos denominados hormogónios (hormogonia), hormosporos, akinetes, endosporos, nanócitos, exosporos, etc.

Vírus

Em 1898, Friedrich Loeffler e Paul Frosch encontraram provas de que a causa da febre aftosa no gado era uma partícula infecciosa mais pequena do que qualquer bactéria. Esta foi a primeira pista para a natureza dos vírus, entidades genéticas que se encontram algures na zona cinzenta entre estados vivos e não vivos.

"Um vírus é um agente infecioso de tamanho pequeno e composição simples que só se pode multiplicar em células vivas de animais, plantas e bactérias.

Caraterísticas gerais dos vírus

1. São organismos não celulares, que estão encerrados num invólucro protetor.
2. A presença de espículas ajuda a fixar os vírus à célula hospedeira.
3. Estes vírus não crescem, não respiram nem metabolizam, mas reproduzem-se.
4. Estão rodeados por um revestimento proteico - capsídeo - e têm um núcleo de ácido nucleico constituído por ADN ou ARN.
5. São considerados seres vivos e não vivos. Estes vírus são inactivos quando estão presentes fora das células hospedeiras, mas tornam-se activos dentro das células hospedeiras. Estes vírus causam várias infecções e reproduzem-se no interior da célula hospedeira, utilizando as enzimas e as matérias-primas.
6. Uma vez que os vírus não possuem mecanismos metabólicos próprios e são totalmente dependentes da célula hospedeira para a sua replicação, não podem ser cultivados em meios de cultura sintéticos.

Tipos morfológicos de vírus

Os vírus são agrupados com base no tamanho e na forma, na composição química e na estrutura do genoma, bem como no modo de replicação. A morfologia helicoidal é observada nos nucleocapsídeos de muitos vírus filamentosos e pleomórficos. Os nucleocapsídeos helicoidais são constituídos por um conjunto helicoidal de proteínas do capsídeo (protómeros) enroladas em torno de um filamento helicoidal de ácido nucleico. A morfologia icosaédrica é caraterística dos nucleocapsídeos de muitos vírus "esféricos". O número e a disposição dos capsómeros.

Os vírus têm diferentes formas, desde as formas básicas helicoidais e icosaédricas até às mais complexas. A classificação baseada nas diferentes formas e simetria dos vírus é a seguinte

1. Vírus complexo. Por exemplo, Poxvírus
2. Vírus de simetria radial. Por exemplo, Bacteriófago
3. Vírus de simetria cúbica ou icosaédrica. Por exemplo, Reovírus, Picornavírus
4. Vírus com forma de bastonete ou espiral ou com simetria helicoidal, por exemplo, paramixovírus, ortomixovírus

Vírus do mosaico do tabaco (TMV)

O vírus do mosaico do tabaco (TMV) é um vírus vegetal que pertence ao género *Tobamovirus*. É assim designado porque infecta principalmente plantas de tabaco, batatas, tomates e outros membros da família Solanaceae. A infeção cria um padrão de mosaico, manchas e descoloração das folhas.

Adolf Mayer, um químico alemão, começou a estudar as doenças nas plantas de tabaco em 1879.

Estrutura

O TMV é um vírus helicoidal simples em forma de bastonete, constituído por ARN de cadeia simples localizado centralmente (5,6%) e envolvido por uma capa proteica (94,4%). Considera-se que a haste tem 3.000 Å de comprimento e cerca de 180 Å de diâmetro.

O revestimento proteico é tecnicamente designado por "capsídeo". R. Franklin estimou 2.130 subunidades, nomeadamente capsómeros numa haste helicoidal completa e 49 capsómeros em cada três voltas da hélice; assim, haveria cerca de 130 voltas por haste do TMV.

O diâmetro da hélice de ARN é de cerca de 80 Å e a molécula de ARN situa-se a cerca de 50 Å da superfície mais exterior da haste. O núcleo central da haste tem cerca de 40 Å de diâmetro. Cada capsómero é uma estrutura semelhante a uma uva que contém cerca de 158 aminoácidos e tem um peso molecular de 17 000 Dalton, determinado por Knight.

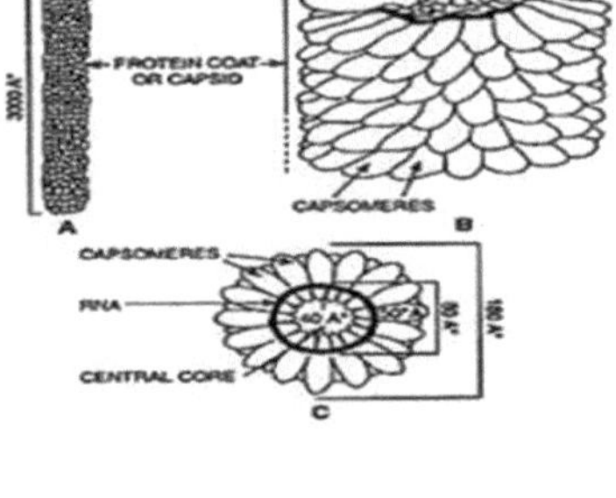

O ssRNA tem um comprimento pouco maior (cerca de 3300 Å) e sobressai ligeiramente de uma das extremidades da haste. A molécula de ARN é constituída por cerca de 7300 nucleótidos; o peso molecular da molécula de ARN é de cerca de 25 000 Dalto

Aplicações

Os vírus do mosaico do tabaco estão a ser

amplamente utilizados como vectores virais para introduzir o gene de interesse nas células vegetais e para produzir plantas com melhor qualidade e quantidade. Também são utilizados em dispositivos biomateriais e nanotecnológicos.

SARS-CoV-2 (coronavírus 2 da síndrome respiratória aguda grave).

O vírus SARS-CoV-2 foi detectado em secreções respiratórias (trato respiratório superior e inferior) e fezes. Considera-se que a principal via de transmissão é a inalação de grandes gotículas respiratórias ou a deposição nas mucosas. O RNA viral foi detectado no sangue, mas não há evidência de que o SRA-CoV-2 possa ser transmitido através do contacto com o sangue. O contacto com fómites contaminados devido à persistência do vírus nas superfícies é outra via implicada na transmissão do vírus SRA-CoV-2. Os modos fecal-oral e aéreo também foram considerados, mas o seu papel na transmissão do SARS-CoV-2 é atualmente desconhecido. De modo a reduzir o risco de infeção através de fómites, é essencial estabelecer procedimentos para a desinfeção correta de ambientes que possam ter sido contaminados com o SRA-CoV-2.

A estrutura do SARS-CoV-2

Os coronavírus pertencem à subfamília *Coronavirinae* na família Coronaviridae e a subfamília contém quatro géneros: *Alphacoronavirus*, *Betacoronavirus*, *Gammacoronavirus* e *Deltacoronavirus*. O genoma dos CoVs (27-32 kb) é um ARN de cadeia simples de sentido positivo (+ssRNA) que é maior do que o de qualquer outro vírus ARN. A proteína do nucleocapsídeo (N) forma o capsídeo no exterior do genoma e o genoma é ainda embalado por um envelope que está associado a três proteínas estruturais: proteína da membrana (M), proteína da espícula (S) e proteína do envelope. De um modo geral, a estrutura da proteína S do SARS-CoV-2 assemelha-se à da proteína S do SARS-CoV, intimamente relacionada. Na conformação de pré-fusão, as subunidades S1 e S2 permanecem ligadas de forma não covalente. Diferentes tipos de coronavírus utilizam domínios especiais na subunidade S1 para reconhecer diferentes receptores de entrada. No caso do SARS-CoV e do SARS-CoV-2, para entrar nas células hospedeiras, reconhecem o recetor da enzima conversora da angiotensina 2 (ACE2) nas células hospedeiras *através do* domínio de ligação ao recetor (RBD). A proteína S tem duas formas de estrutura, incluindo o estado fechado e o aberto. No estado fechado, os três motivos de reconhecimento não sobressaem da interface formada por três protómeros da proteína spike. No estado aberto, o RBD está na conformação "para cima". O estado aberto é necessário para a fusão das membranas do SARS-CoV-2 e da célula hospedeira, facilitando assim a entrada do SARS-CoV-2 nas células hospedeiras.

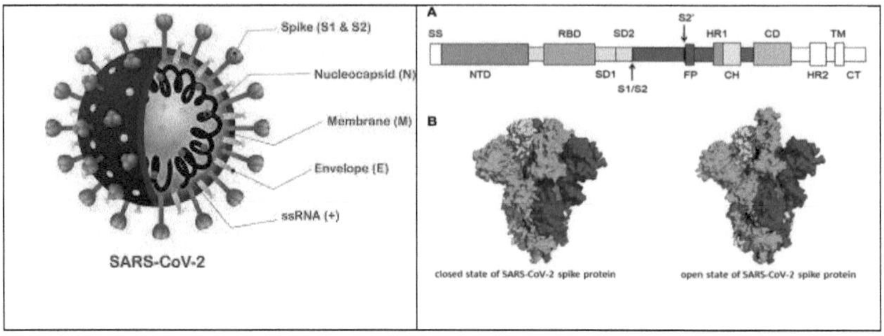

(Fonte: - NCBI)

Precaução

1. As superfícies tocadas com frequência devem ser limpas com a maior frequência possível (pelo menos diariamente e, se possível, com maior frequência). Exemplos destas superfícies são as maçanetas e as barras das portas, as cadeiras e os apoios para os braços, os tampos das mesas, os interruptores de luz, os corrimões, as torneiras de água, os botões dos elevadores, etc.
2. A utilização de um detergente neutro para a limpeza de superfícies em instalações gerais (ou seja, não em instalações onde tenha havido um caso suspeito ou confirmado de COVID-19) deve ser suficiente.
3. A limpeza de casas de banho públicas, lavatórios de casas de banho e instalações sanitárias utilizadas por várias pessoas (por exemplo, em centros comerciais, aeroportos, etc.) deve ser efectuada cuidadosamente. Considerar a utilização de um desinfetante eficaz contra os vírus, como o hipoclorito de sódio a 0,1%, ou outros produtos viricidas autorizados, seguindo as instruções de utilização fornecidas pelo fabricante.
4. O pessoal envolvido na limpeza ambiental deve usar EPI quando realiza actividades de limpeza. A utilização do conjunto habitual de EPI (por exemplo, uniforme - que é retirado e frequentemente lavado em água quente - e luvas) é suficiente para a proteção durante a limpeza de instalações gerais.

5. O material de limpeza deve ser devidamente limpo (ver quadro 1) no final de cada secção de limpeza.

Replicação do vírus por ciclo lítico

O ciclo lítico é composto pelas cinco etapas seguintes

1) Adsorção,
2) Infeção
3) Síntese de componentes do fago na célula hospedeira,
4) Formação de uma nova partícula de fago
5) Libertação de fagos da célula hospedeira.

1) Adsorção:

A interação entre o organelo específico do fago - a cauda - e o local recetor da célula hospedeira é designada por adsorção. A adsorção é facilitada pelos grupos carboxilo carregados negativamente na superfície do hospedeiro e pelo grupo amino carregado positivamente da proteína presente na ponta da cauda do fago.

2) Infeção:

Após a adsorção, a partícula de fago segrega uma enzima que hidrolisa o complexo de murina da parede celular do hospedeiro e forma um poro. A bainha da cauda contrai-se então e empurra a parte tubular central, ou seja, o núcleo da cauda, para dentro da parede do hospedeiro, como uma agulha de injeção.

3) Síntese dos componentes do fago na célula hospedeira,

Uma vez que o ácido nucleico do fago entra na célula bacteriana, suprime a síntese da proteína bacteriana e orienta a síntese das proteínas da partícula do fago.

O ADN do fago replica-se segundo o processo semi-conservativo. A maior parte do ADN actua como modelo para a sua própria síntese e o restante é utilizado como modelo para a síntese do ARNm específico do vírus, utilizando a ARN-polimerase do hospedeiro.

O ARNm recém-formado orienta a célula hospedeira para sintetizar as proteínas que são utilizadas para construir o revestimento proteico da partícula de fago. Quase no final da replicação do ácido nucleico do fago, é sintetizada uma proteína, a lisozima do fago.

4)Formação de uma nova partícula de fago

As novas partículas de fago são formadas pela junção de ácido nucleico e proteína. Este processo é chamado de maturação, que é controlado pelo genoma viral. Neste processo, inicialmente ocorre a condensação da molécula de ácido nucleico.

As subunidades proteicas agregam-se então à volta da molécula de ácido nucleico e formam a cabeça do fago. Nesta altura, começa a formação da cauda. Inicialmente, o tubo central é ligado à placa basal e, em seguida, a bainha é montada em torno do tubo central. Nesta fase, a cauda liga-se à base da cabeça, formando um colar entre elas. Por fim, as fibras da cauda são fixadas à placa basal.

5)Libertação dos fagos da célula hospedeira.

Num ciclo de desenvolvimento do fago, são formados cerca de 200 fagos, o que demora cerca de 30 a 90 minutos. Na célula hospedeira, o ADN do fago segrega lisozima (uma enzima) que provoca a lise da parede celular do hospedeiro. Como resultado da lise, as partículas de fago são libertadas.

Replicação do vírus por ciclo lisogénico:

A. Lwoff (1953) descobriu este tipo de ciclo nos fagos Lambda (W) que atacam a E. coli. O fago envolvido neste ciclo é designado por fago temperado, a bactéria é a estirpe lisogénica e todo o processo é designado por lisogenia

Inicialmente, o fago é adsorvido na parede da bactéria hospedeira e o seu ADN é injetado na célula hospedeira. Neste caso, o ADN do fago, tal como no ciclo lítico, não assume o controlo da maquinaria de síntese proteica da célula hospedeira, mas integra-se no nucleoide do genoma do hospedeiro.

Este ADN integrado do fago é designado por profago. Assim, o novo genoma composto replica-se como uma unidade. O genoma composto multiplica-se então por um número indefinido de vezes e produz bactérias lisogénicas filhas.

Após um certo número de gerações, o genoma viral separa-se do genoma composto e liberta-se no citoplasma. Esta dissociação é designada por indução. O genoma viral entra então no ciclo lítico e forma fagos temperados que são libertados pela lise da parede da bactéria hospedeira.

Importância económica dos vírus, com especial referência à produção de vacinas

TMV

Vacina de vírus quiméricos produzidos em plantas contra o vírus da gripe.

CPMV (Cowpea mosaic virus)

Vacina de vírus quiméricos produzidos em plantas contra o rinovírus humano 14 e o vírus da imunodeficiência humana.

Comovírus CCMV (Citomegalovírus congénito)

1) administração de vacinas de ARNm

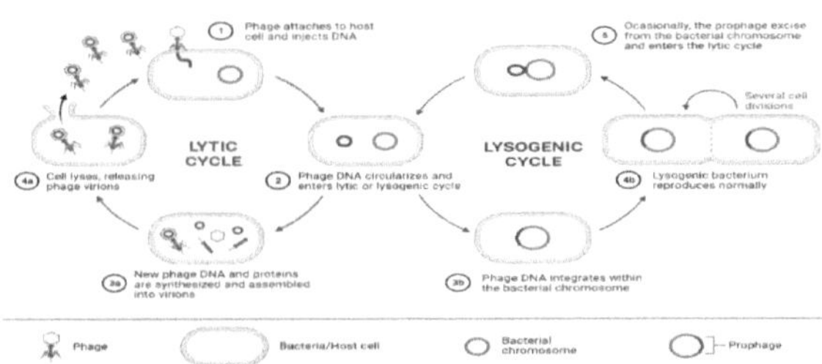

PVX (vírus da batata)

1) Vacina de vírus quiméricos produzidos em plantas contra o vírus da hepatite C

Geminivírus BeYDV

1) Vacinas e anticorpos monoclonais
2) Vacinas RIC contra o ZIKV

Adenovírus tipo 5

Vacina contra o Ad5 As células T CD4 + específicas do Ad5 seriam reactivadas e serviriam de alvo para a infeção pelo VIH-1

Adenovírus do chimpanzé

A vacina anti-rábica baseada no vetor ChAd (AdC68rab.gp) induziu uma resposta sustentada de anticorpos nas mucosas e proteção contra a provocação viral intranasal

1.3 Arqueobactérias

As arqueobactérias são conhecidas por serem os organismos vivos mais antigos da Terra. Pertencem ao reino Monera e são classificadas como bactérias porque se assemelham a bactérias quando observadas ao microscópio. Para além disso, são completamente distintas dos procariontes. No entanto, partilham algumas caraterísticas comuns com os eucariotas.

Caraterísticas das Arqueobactérias

Seguem-se as caraterísticas importantes das arqueobactérias:

1) As arqueobactérias são anaeróbios obrigatórios ou facultativos, ou seja, desenvolvem-se na ausência de oxigénio e é por isso que só elas podem sofrer metanogénese.
2) As membranas celulares das Arqueobactérias são compostas por lípidos.
3) A parede celular rígida dá forma e suporte às Arqueobactérias. Também protege a célula de rebentar em condições hipotónicas.
4) A parede celular é composta por pseudomureína, que impede as arqueas de sofrerem os efeitos da lisozima. A lisozima é uma enzima libertada pelo sistema imunitário do hospedeiro, que dissolve a parede celular das bactérias patogénicas.
5) Não possuem organelos ligados à membrana, como o núcleo, o retículo endoplasmático, as mitocôndrias, os lisossomas ou os cloroplastos. O seu citoplasma espesso contém todos os compostos necessários para a nutrição e o metabolismo.
6) Podem viver numa grande variedade de ambientes e são por isso chamados extremófilos. Podem sobreviver em regiões aquáticas ácidas e alcalinas, bem como em temperaturas superiores ao ponto de ebulição.
7) Podem suportar uma pressão muito elevada de mais de 200 atmosferas.
8) As arqueobactérias são indiferentes aos principais antibióticos porque contêm plasmídeos que possuem enzimas de resistência aos antibióticos.
9) O modo de reprodução é assexuado, conhecido como fissão binária.
10) Efectuam uma transcrição genética única. - As diferenças no seu ARN ribossómico sugerem que divergiram tanto dos procariotas como dos eucariotas.

Tipos de Arqueobactérias

As arqueobactérias são classificadas com base na sua relação filogenética.

Os principais tipos de Arqueobactérias são apresentados de seguida:

1) Crenarchaeota

Os Crenarchaeota são Archaea, que existem numa vasta gama de habitats. São tolerantes ao calor extremo ou a temperaturas elevadas. Possuem proteínas especiais que as ajudam a funcionar a temperaturas tão elevadas como 230 graus Celsius. Podem ser encontrados em fontes marinhas profundas e fontes termais, regiões com água superaquecida. Estes incluem termófilos, hipertermófilos e termoacidófilos.

2) Euryarchaeota

Estes podem sobreviver em condições extremamente alcalinas e têm a capacidade de produzir metano, ao contrário de qualquer outro ser vivo na Terra. Estes incluem os metanogénicos e os halófilos. Korarchaeota

Possuem os genes comuns aos Crenarchaeota e Euryarchaeota. Acredita-se que todos os três descendem de um ancestral comum. Estes são supostamente os organismos mais antigos sobreviventes na Terra. Estes incluem os hipertermófilos.

3) Thaumarchaeota

Estas incluem as arqueas que oxidam o amoníaco.

4) Nanoarchaeota

Trata-se de um simbionte obrigatório das arqueas pertencentes ao género Ignicoccus. Importância das Arqueobactérias A importância das arqueas pode ser entendida a partir dos seguintes pontos:

a. As arqueobactérias obrigaram os cientistas a reconsiderar a definição comum de espécie. As espécies são um grupo com fluxo de genes entre os seus membros. As arqueobactérias apresentam um fluxo genético entre as suas espécies.
b. As Arqueobactérias são metanogénicas, ou seja, são capazes de produzir metano. Actuam sobre a matéria orgânica e decompõem-na para libertar metano, que é depois utilizado para cozinhar e para a iluminação.

Exemplos de arqueobactérias Seguem-se alguns exemplos importantes de arqueobactérias:

Lokiarcheota

1) É uma arqueobactéria termofílica encontrada em aberturas de mar profundo conhecidas como o castelo de Loki. Tem um genoma único. Alguns dos genes do genoma estão envolvidos na fagocitose.
2) Também possuem os genes eucarióticos que são utilizados pelos eucariotas para controlar as suas formas. Pensa-se que os Lokiarcheota e os eucariotas partilharam um antepassado comum há vários milhares de milhões de anos.

Methanobrevibacter smithii

É uma bactéria produtora de metano que se encontra no intestino humano. Ajuda na decomposição de açúcares complexos de plantas e extrai energia dos alimentos que consumimos. Algumas ajudam a proteger contra o cancro do cólon. As pessoas que sofrem de cancro do cólon e obesidade têm níveis muito elevados de bactérias Euryarchaeota no seu intestino.

Estrutura de Archaea

As Archaea são procariontes, o que significa que as células não têm um núcleo ou outros organelos ligados à membrana.

Tal como as bactérias, as células têm um anel enrolado de ADN e o citoplasma celular contém ribossomas para a produção de proteínas celulares e outras substâncias de que a célula necessita. Ao contrário das bactérias, a parede celular e a membrana podem ser rígidas e dar à célula uma forma específica, como plana, em forma de bastonete ou cúbica.

As espécies de arqueas partilham caraterísticas comuns, como a forma e o metabolismo, e podem reproduzir-se por fissão binária, tal como as bactérias. No entanto, a transferência horizontal de genes é comum e as células das arqueias podem absorver plasmídeos contendo ADN do seu ambiente ou trocar ADN com outras células

Parede celular

A estrutura básica das paredes celulares das arqueas é semelhante à das bactérias, na medida em que a estrutura se baseia em cadeias de hidratos de carbono.

Uma vez que as arqueas sobrevivem em ambientes mais variados do que outras formas de vida, a sua parede celular e o seu metabolismo celular têm de ser igualmente variados e adaptados ao seu ambiente.

Como resultado, algumas paredes celulares das arqueas contêm hidratos de carbono que são diferentes dos das paredes celulares das bactérias, e algumas contêm proteínas e lípidos para lhes dar força e resistência aos químicos.

Membrana celular

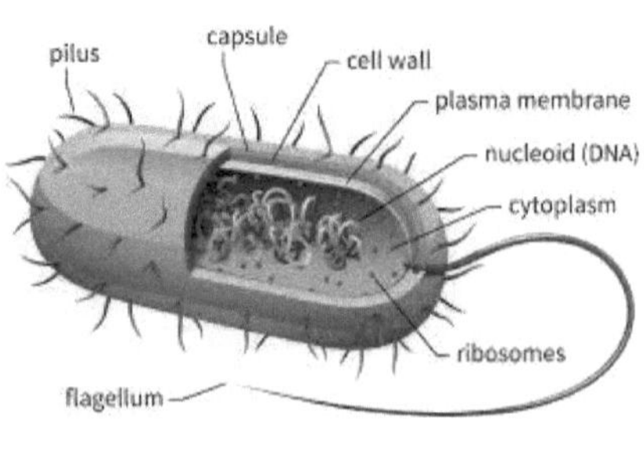

Algumas das caraterísticas únicas das células das archaea devem-se às caraterísticas especiais da sua membrana celular.

A membrana celular encontra-se no interior da parede celular e controla a troca de substâncias entre a célula e o seu ambiente.

Tal como todas as outras células vivas, a membrana celular das arqueas é constituída por fosfolípidos com cadeias de ácidos gordos, mas as ligações nos fosfolípidos das arqueas são únicas.

Todas as células têm uma bicamada de fosfolípidos, mas nas células das arqueas, a bicamada tem ligações *éter*, enquanto as células das bactérias e dos eucariotas têm ligações *éster*.

As ligações éter são mais resistentes à atividade química e permitem que as células das arqueas sobrevivam em ambientes extremos que matariam outras formas de vida. Embora a ligação de éter seja uma caraterística chave de diferenciação das células das arqueas, a membrana celular também difere da de outras células nos detalhes da sua estrutura e na utilização de longas cadeias *de isoprenóides* para fazer os seus fosfolípidos únicos com ácidos gordos.

As diferenças nas membranas celulares indicam uma relação evolutiva em que as bactérias e os eucariotas se desenvolveram após ou separadamente das archaea.

Genes e informação genética

Como todas as células vivas, as arqueas dependem da replicação do ADN para garantir que as células filhas sejam idênticas à célula-mãe. A estrutura do ADN das arqueas é mais simples do que a dos eucariotas e semelhante à estrutura genética das bactérias. O ADN encontra-se em plasmídeos circulares simples que são inicialmente enrolados e que se endireitam antes da divisão celular.

Embora este processo e a subsequente fissão binária das células sejam semelhantes aos das bactérias, a replicação e a tradução das sequências de ADN ocorrem como nos eucariotas.

Uma vez desenrolado o ADN da célula, a enzima RNA polimerase utilizada para copiar os genes é mais semelhante à RNA polimerase dos eucariotas do que à enzima bacteriana correspondente. A criação da cópia do DNA também difere do processo bacteriano.

A replicação e tradução do ADN é uma das formas pelas quais as arqueas são mais parecidas com as células dos animais do que com as das bactérias.

Flagelos

Tal como acontece com as bactérias, os flagelos permitem que as arqueas se desloquem.

A sua estrutura e mecanismo de funcionamento são semelhantes nas archaea e nas bactérias, mas a forma como evoluíram e como são construídos é diferente. Estas diferenças sugerem, mais uma vez, que as arqueas e as bactérias evoluíram separadamente, com um ponto de diferenciação precoce em termos evolutivos.

As semelhanças entre os membros dos dois domínios podem ser atribuídas ao posterior intercâmbio horizontal de ADN entre as células.

O flagelo nas archaea é um talo longo com uma base que pode desenvolver uma ação rotativa em conjunto com a membrana celular. A ação rotativa resulta num movimento em forma de chicote que pode impulsionar a célula para a frente. Nas arqueas, o pedúnculo é construído pela adição de material na base, enquanto nas bactérias, o pedúnculo oco é construído movendo material para o centro oco e depositando-o no topo.

Os flagelos são úteis para mover as células em direção ao alimento e para se espalharem após a divisão celular.

As arqueobactérias de importância económica são:

1. Produção de enzimas termoestáveis
2. Produção de antibióticos
3. Produção de biogás
4. Produção de solventes orgânicos
5. Tratamento de águas residuais
6. Algumas das archaea halófilas realizam alguns processos que são economicamente muito importantes, como a biodegradação, a bioremediação e os processos ambientais.

Bactérias

"As bactérias são organismos unicelulares que pertencem ao grupo dos procariotas, onde os organismos carecem de alguns organelos e de um núcleo verdadeiro".

Caraterísticas das bactérias

1. Não possui um núcleo ligado a uma membrana.

2. Tem um único cromossoma de ADN, de forma circular, que se encontra no citoplasma.

3. O nucleoide de uma célula bacteriana inclui o cromossoma com as suas proteínas e ARN associados.

4. Cada célula bacteriana tem os seus próprios plasmídeos, que estão envolvidos na replicação, na digestão dos alimentos, etc.

5. Estes plasmídeos são pequenas estruturas circulares de ADN de cadeia dupla, que se encontram naturalmente em todas as células bacterianas.

6. O processo de reprodução das bactérias é efectuado através de métodos sexuais e assexuados. A maioria das bactérias baseia-se na fissão binária.

Classificação das bactérias com base na forma

1. Bacillus (em forma de bastonete), por exemplo, Escherichia coli (E. coli)
2. Spirilla ou espiroqueta (espiral), por exemplo, Spirillum volutans
3. Coccus (Sphere, por exemplo, Streptococcus pneumoniae
4. Vibrio (em forma de vírgula), por exemplo, Vibrio cholerae

Classificação das bactérias com base na composição da parede celular

1. Parede celular de peptidoglicano, p. ex., bactérias Gram-positivas
2. Parede celular lipopolissacárida, por exemplo, bactérias Gram-negativas

Classificação das bactérias com base no modo de nutrição

1. Bactérias autotróficas, por exemplo, cianobactérias
2. Bactérias heterotróficas, por exemplo, todas as bactérias causadoras de doenças

Classificação das bactérias com base no modo de respiração

1. Bactérias anaeróbias, por exemplo, Actinomyces
2. Bactérias aeróbias, por exemplo, Mycobacterium

Estrutura da célula bacteriana.

As bactérias (sing. bacterium) são microrganismos procarióticos unicelulares que se dividem por fissão binária. Não possuem membrana nuclear e o núcleo é constituído por um único cromossoma de hélice circular de ADN de cadeia dupla.

Flagelos:

São longos apêndices citoplasmáticos filamentosos, com 12-30 μm de comprimento, que sobressaem da parede celular e contêm a proteína contrátil flagelina. São órgãos de locomoção.

Fímbrias ou pili:

São filamentos finos e curtos (0,1-1,5 μm x 4 a 8 nm) que saem da membrana citoplasmática, também chamados pili. São constituídos por proteínas (pilina).

Cápsula:

É uma cobertura externa de material gelatinoso fino (0,2 μm de largura) que envolve a parede celular. Apenas algumas espécies bacterianas possuem cápsula. A cápsula é geralmente constituída por polissacáridos (por exemplo, pneumococos), ocasionalmente por polipéptidos (por exemplo, bacilos do carbúnculo) e ácido hialurónico (por exemplo, estreptococos).

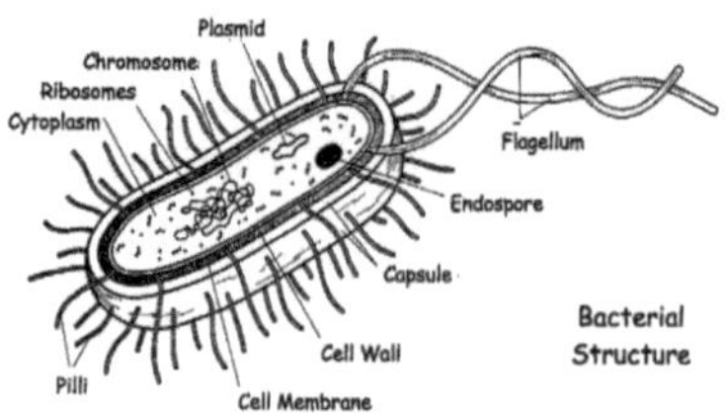

Parede celular:

É uma estrutura dura e rígida de peptidoglicano com materiais acessórios específicos (por exemplo, LPS, ácido teicóico, etc.) que envolve a bactéria como uma concha e se situa no exterior da membrana citoplasmática. Tem 10-25 nm de espessura. Dá forma à célula.

Núcleo:

O genoma bacteriano é constituído por um único cromossoma circular de cadeia dupla. Outras estruturas incluem a membrana citoplasmática, os mesossomas, os ribossomas e as inclusões citoplasmáticas. Ao contrário dos eucariotas, o citoplasma não contém ribossomas, Golgi e citoesqueleto.

Reprodução em Bactérias

As bactérias seguem um modo de reprodução assexuado, designado por fissão binária. Uma única bactéria divide-se em duas células filhas. Estas são idênticas à célula-mãe e entre si. A replicação do ADN na bactéria-mãe marca o início da fissão. Eventualmente, a célula alonga-se para formar duas células filhas.

A taxa e o tempo de reprodução dependem de condições como a temperatura e a disponibilidade de nutrientes. Quando as condições são favoráveis, a E. coli ou Escherichia coli produz cerca de 2 milhões de bactérias em cada 7 horas. A reprodução bacteriana é estritamente assexuada, mas pode ocorrer reprodução sexuada em casos muito raros.

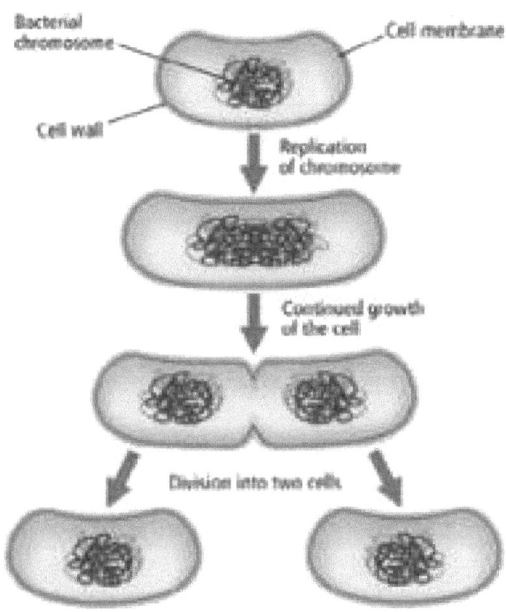

Binary Fission in Bacteria

Importância económica das bactérias com referência à fermentação industrial

Grupo	Géneros/espécies	Produto/aplicação(ões)
Bactérias		
	Acetobacter aceti subsp. *aceti*	Vinagre
	A. pasteurianus subsp. *pasteurianus*	Vinagre, cacau
	Bacilllus acidopullluticus	Pullulanases (aditivo alimentar)
	B. coagulans	Cacau; glucose isomerase (aditivo alimentar), soja fermentada
	B. licheniformis	Protease (aditivo alimentar)
	B. subtilis	Soja fermentada, protease, glicolípidos, riboflavina-B_2 (aditivo alimentar)
	Bifidobacterium animalis subsp. *lactis, B. breve*	Leites fermentados com propriedades probióticas; comuns nos leites fermentados europeus
	Brachybacterium alimentarium	Queijo Gruyère e Beaufort
	Brevibacterium flavum	Ácido málico, ácido glutâmico, lisina, glutamato monossódico (aditivos alimentares)
	Corynebacterium ammoniagenes	Amadurecimento do queijo
	Enterobacter aerogenes	Fermentação do pão
	Enterococcus durans	Fermentação do queijo e da massa fermentada
	E. faecium	Soja, lacticínios, carne, legumes
	Klebsiella pneumoniae subsp. *ozaenae*	*Tempe;* produção de vitamina B_{12}

Grupo	Géneros/espécies	Produto/aplicação(ões)
	Lactobacillus acetototolerans	Queijo ricotta, legumes
	L. acidophilus	Leites fermentados, probióticos, legumes
	L. alimentarius	Enchidos fermentados; ricotta; carne, peixe
	L. brevis	Fermentação do pão; vinho; produtos lácteos
	L. buchneri	Fermentação maloláctica do vinho; massa fermentada

<u>Importância económica das bactérias com referência aos medicamentos para a indústria</u>

A maioria dos antibióticos é produzida por bactérias que vivem no solo. Actinomicetos como *Streptomyces* produzem tetraciclinas, eritromicina, estreptomicina, rifamicina e ivermectina. As espécies *Bacillus* e *Paenibacillus* produzem bacitracina e polimixina. Os produtos bacterianos são utilizados no fabrico de vacinas para imunização contra doenças infecciosas. As vacinas contra a difteria, a tosse convulsa, o tétano, a febre tifoide e a cólera são fabricadas a partir de componentes das bactérias que causam as respectivas doenças.

Antibiótico	Organismo de origem/ Bactéria	Doença tratada
Penicilina	*Penicillium chrysogenum*	Tétano, difteria
Estreptomicina	*Streptomyces griseus*	Tuberculose
Clortetraciclina	*Streptomyces aureofaciens*	Tifoide
Eritromicina	*Streptomyces erythraeus*	Febres rickettsiais

Nomes de instrumentos importantes e respetivo princípio de funcionamento utilizados no laboratório de microbiologia

1. **Balança analítica**

Uma balança analítica é um tipo de balança que é normalmente utilizada para a medição de massa na gama dos sub-miligramas.

Princípio de funcionamento

1) Estes tipos de balanças são fabricados com um prato de medição envolto numa cobertura transparente que impede que pequenas partículas ou correntes de ar se acumulem no prato.
2) Uma balança analítica eléctrica utiliza a força necessária para contrabalançar a massa em vez de medir a própria massa.
3) Utiliza-se um eletroíman para criar uma força necessária para atingir um equilíbrio com a massa da substância, e a força resultante é apresentada.

Utilizações

1) Por serem altamente precisas e baseadas em tecnologia avançada, as balanças analíticas são explicitamente utilizadas em laboratórios para a realização eficaz de tarefas como a pesagem de materiais de teste e quantidades de amostra, formulação, determinação da densidade, análise de pureza, testes de controlo de qualidade e testes de materiais e de conformidade.

2. **Autoclave**

Um autoclave é uma câmara pressurizada utilizada para o processo de esterilização e desinfeção através da combinação de três factores: tempo, pressão e vapor

Princípio de funcionamento

1) Os autoclaves utilizam o vapor como agente de esterilização. O princípio básico de um autoclave é que todos os artigos dentro do autoclave entram em contacto direto com o vapor durante um determinado período de tempo, independentemente da natureza do material - quer se trate de líquidos, artigos de plástico ou artigos de vidro.
2) A quantidade de tempo e a temperatura dependem do tipo de material a esterilizar e o aumento da temperatura do ciclo permite períodos mais curtos.

Utilizações

1) As autoclaves são principalmente utilizadas para a esterilização de equipamento médico ou de laboratório, com capacidade para esterilizar um grande número de materiais de uma só vez.
2) São normalmente utilizados para a preparação de meios de cultura em aplicações laboratoriais.

3. Centrífuga Macine

Uma centrífuga é um dispositivo que permite a rotação de um objeto em torno de um único eixo, em que é aplicada uma força exterior perpendicular ao eixo. Uma centrífuga de laboratório é motorizada e permite a rotação de uma amostra líquida, resultando na separação dos componentes da mistura.

Princípio de funcionamento

1) Uma centrífuga funciona com base no princípio da sedimentação, em que a alta velocidade de rotação faz com que as partículas mais densas se afastem do centro, enquanto as partículas mais pequenas e menos densas são forçadas a dirigir-se para o centro.
2) Assim, as partículas mais densas depositam-se no fundo enquanto as partículas mais leves são recolhidas no topo.
3) Numa centrifugadora de mesa de laboratório, os tubos de amostra são alinhados num ângulo para que as partículas tenham de percorrer uma distância mais curta antes de atingirem o fundo.

Utilizações

1) A principal aplicação de uma centrífuga é a separação de partículas suspensas numa suspensão. Pode ser utilizada para a separação de organelos celulares, ácidos nucleicos, componentes sanguíneos e separação de isótopos.

4. Contador de colónias

Um contador de colónias é utilizado para estimar a densidade de uma cultura líquida através da contagem do número de CFU (unidades formadoras de colónias) num ágar ou em placas de cultura.

Princípio de funcionamento

1) Este instrumento pode acomodar placas de diferentes tamanhos que são digitalizadas na parte superior com iluminação UV, luz branca e/ou fluorescente.
2) A contagem pode ser efectuada manualmente com a pressão do toque ou com um contador digital.

Utilizações

1) Um contador de colónias é utilizado principalmente para contar o número de colónias presentes numa placa de cultura para estimar a concentração de microrganismos em cultura líquida.

5. Congelador profundo

Princípio de funcionamento

1) Os congeladores baseiam-se no princípio de que, sob temperaturas extremamente baixas, há um crescimento microbiano mínimo, o que permite a proteção e a preservação de diferentes substâncias.
2) Com base neste princípio, podemos mesmo preservar culturas durante um longo período de tempo sem qualquer alteração na concentração dos microrganismos.

Utilizações

1) A ultracongelação pode ser utilizada para a preservação de diferentes objectos utilizados nos laboratórios durante um período de tempo muito longo. Os congeladores são utilizados em laboratórios para armazenar e preservar equipamento médico, alimentos, amostras de sangue, medicamentos e injecções, etc. durante um período de tempo mais longo.

6. Homogeneizador

O homogeneizador é um dispositivo utilizado em laboratórios para a mistura de vários líquidos e materiais como tecidos, plantas, alimentos, solo e muitos outros.

Princípio de funcionamento

1) Este instrumento baseia-se no princípio de que, quando grandes glóbulos de uma emulsão grosseira são passados a alta pressão através de um orifício estreito, quebram-se em partículas mais pequenas, dando origem a uma mistura mais uniforme e estável.

2) Um homogeneizador tem uma haste metálica com aberturas paralelas estreitas em forma de pente na extremidade, que actua como orifício para o processo de homogeneização.

Utilizações

1) Um homogeneizador é utilizado principalmente para romper células para adquirir organelos celulares para diferentes processos microbiológicos.
2) É utilizado na fase de preparação antes da extração e purificação de diferentes macromoléculas como proteínas, ácidos nucleicos e lípidos.

7. Placa de aquecimento

Uma placa de aquecimento é um aparelho autónomo utilizado em laboratórios de microbiologia como um sistema de aquecimento de mesa.

Princípio de funcionamento

1) Ao contrário das formas tradicionais de produzir calor através do fogo, uma placa de aquecimento produz calor através do fluxo de eletricidade.
2) Numa placa de aquecimento, a eletricidade passa através das bobinas que têm um elevado nível de resistência eléctrica. A resistência nas bobinas converte a energia eléctrica em energia térmica, o que faz com que as bobinas libertem calor.

Utilizações

1) Num laboratório, as placas de aquecimento são utilizadas para aquecer o material de vidro e os seus componentes.
2) São utilizados em vez de banhos de água, uma vez que os banhos de água podem ser perigosos em caso de derrame ou sobreaquecimento.

8. Fluxo de ar laminar

O fluxo de ar laminar é um dispositivo fechado destinado principalmente a processos ou instrumentos sensíveis à contaminação microbiana.

Princípio de funcionamento

1) Uma Hotte Laminar é feita de aço inoxidável, evitando juntas e cantos para evitar a acumulação de esporos bacterianos.

2) Este dispositivo cria um ambiente estéril com o fluxo de ar estéril através de um filtro de ar particulado de alta eficiência (HEPA) e uma lâmpada germicida ultravioleta de ondas curtas que esteriliza o posto de trabalho.
3) O fluxo de ar laminar tem de ser ligado 15 minutos antes para garantir a esterilização completa e a estação de trabalho deve ser limpa com etanol antes e depois da utilização.

Utilizações

1) O exaustor laminar é normalmente utilizado para realizar processos que são sensíveis à contaminação.
2) É utilizado para experiências relacionadas com a cultura de tecidos de plantas e para experiências de transformação genética.

9. Banho de água

O banho-maria é um dispositivo convencional utilizado para reacções químicas que requerem um ambiente controlado a uma temperatura constante.

Princípio de funcionamento

1) Um sensor no dispositivo transfere a temperatura da água para um valor de referência que é depois amplificado e um sistema de controlo gera um sinal para o sistema de aquecimento que aquece a água até à temperatura desejada.

Utilizações

1) Os banhos de água são utilizados principalmente para aquecer amostras a uma temperatura controlada.
2) Estes são adequados para aquecer produtos químicos que podem ser inflamáveis sob ignição direta.

10. Destilador de água

Um destilador de água é um dispositivo que purifica a água através do processo de destilação. Este instrumento é normalmente utilizado em laboratórios médicos, laboratórios de microbiologia, laboratórios de química orgânica e indústrias médicas.

Princípio de funcionamento

1) O destilador de água baseia-se no princípio da destilação.

2) De acordo com este processo, a água é primeiro levada a ferver e depois condensada na forma líquida para obter água destilada pura.

Utilizações

1) É utilizada para obter água destilada necessária para muitos testes laboratoriais, bem como para a preparação de meios de cultura.

11. Medidor de pH

Um medidor de pH é um dispositivo utilizado em laboratórios que mede a concentração de iões H em soluções à base de água para determinar a acidez ou alcalinidade da solução. Um medidor de pH é frequentemente designado por "medidor de pH potenciométrico", uma vez que mede a diferença de potencial elétrico entre a referência e um elétrodo de pH.

Princípio de funcionamento

1) Num medidor de pH potenciométrico, um ou vários eléctrodos de vidro, ligados a uma ampola selectiva para iões de hidrogénio, são fixados a uma haste metálica.
2) Quando a ampola com os eléctrodos é mergulhada numa solução, os iões de hidrogénio da solução trocam com as cargas positivas do elétrodo, gerando um potencial eletroquímico que é apresentado em termos de unidades de pH no visor.

Utilizações

1) Um medidor de pH é utilizado principalmente para medir a acidez de produtos químicos farmacêuticos, culturas, solos e estações de tratamento de água.
2) Pode ser utilizado para medir o nível de acidez do vinho e do queijo durante a sua produção.

12. Espectrofotómetro

O espetrofotómetro é um instrumento ótico que permite medir a intensidade da luz em função do comprimento de onda. Com base na quantidade de luz absorvida por uma solução colorida, pode ser efectuada uma análise quantitativa da solução.

Princípio de funcionamento

1) A espetrofotometria baseia-se na Lei de Beer-Lambert, que estabelece que a absorção da luz por uma solução (de um determinado comprimento de onda) é diretamente proporcional à concentração da substância.
2) Uma solução é atravessada por diferentes comprimentos de onda de luz, uma vez que as diferentes substâncias absorvem melhor em diferentes comprimentos de onda. Com base na absorvância de um determinado comprimento de onda, pode ser efectuada a análise quantitativa de uma solução.

Utilizações

1) Num laboratório de microbiologia, um espetrofotómetro é utilizado para medir a concentração de substâncias de proteínas, ácidos nucleicos, crescimento bacteriano e reacções enzimáticas.

13. Incubadora

Uma incubadora é um dispositivo utilizado em laboratórios para o crescimento e manutenção de microrganismos e culturas. A incubadora proporciona uma temperatura, pressão e humidade ideais, entre outros aspectos necessários para o crescimento dos microrganismos.

Princípio de funcionamento

1) A incubadora baseia-se no princípio da manutenção de uma atmosfera adequada para o crescimento de microrganismos.
2) As incubadoras possuem um sistema de aquecimento que permite ajustar a temperatura no interior da incubadora em função do tipo de organismo cultivado no seu interior.
3) Da mesma forma, são dotados de regulações para manter a concentração de CO_2 para equilibrar o pH e a humidade necessários ao crescimento dos organismos.
4) Também está disponível uma variação da incubadora, como uma incubadora com agitação, que permite o movimento contínuo da cultura necessário para o arejamento das células e estudos de solubilidade.

Utilizações

1) As incubadoras têm uma vasta gama de aplicações, incluindo cultura de células, estudos farmacêuticos, estudos hematológicos e estudos bioquímicos.

2) As incubadoras também podem ser utilizadas na área da investigação de células estaminais.

14. Forno de ar quente

Um forno de ar quente é um dispositivo elétrico que é utilizado para a esterilização de equipamento médico ou amostras utilizando calor seco.

Princípio de funcionamento

1. Um forno de ar quente é um tipo de esterilização por calor seco que é efectuada em materiais secos e em substâncias que não derretem ou se incendeiam a altas temperaturas.
2. O equipamento no interior do forno adquire calor e passa-o para o centro, uma camada de cada vez, o que permite uma esterilização eficaz por calor seco.

Utilizações

1. Um forno de ar quente pode ser utilizado para esterilizar materiais como objectos de vidro, equipamento metálico, pós, etc.
2. Permite a destruição de microrganismos, bem como de esporos bacterianos.

15. Agitador magnético

O agitador magnético é um dispositivo normalmente utilizado em laboratórios de microbiologia para misturar líquidos.

Princípio de funcionamento

1) Este dispositivo consiste num íman rotativo ou num eletroíman que cria um campo magnético rotativo que permite que a barra de agitação (uma peça de metal pesado) se mova no recipiente.
2) É acoplado a um sistema de aquecimento para aquecer o líquido enquanto este é misturado.

Utilizações

1) É normalmente utilizado para misturar vários componentes líquidos numa mistura num laboratório químico ou de microbiologia.

2) Este dispositivo é utilizado em vez de outros agitadores, uma vez que não produz ruído e, devido ao facto de o tamanho da barra de agitação ser tão pequeno, há menos hipóteses de contaminação.

Deve ler e compreender os termos de microbiologia e a terminologia com definições

1) **Abiogénese** = Geração de vida a partir de componentes abióticos
2) **Abiótico** = Não vivo
3) ABR = Resistência antibacteriana
4) **Actinomicetos/Actinobactérias** = Grupo de bactérias filamentosas
5) **Adesão** = Fixação de microrganismos numa superfície biótica/abiótica
6) **Aeróbios** = Microrganismos que necessitam de oxigénio atmosférico para respiração/sobrevivência
7) **Aerotolerantes** = Anaeróbios que podem tolerar o oxigénio atmosférico
8) **Ágar** = Polímero de açúcar galactose (agarose) e agaropectina derivado de algas e utilizado para solidificar meios de cultura
9) **Difusão** em **ágar** = Difusão de moléculas através da matriz em meio de ágar
10) **Meio Agar** = Meio de cultura sólido/semi-sólido que contém ágar
11) **Gel de agarose** = Matriz semi-sólida formada pela solidificação da agarose; utilizada principalmente na diferenciação de proteínas e ácidos nucleicos
12) **Aglutinação** = Aglomeração
13) **Alfa (α)-hemolítico** = Microrganismos que rompem parcialmente os glóbulos vermelhos, dando origem a uma zona esverdeada de hemólise
14) **Anfitriãs** = Bactérias com um único flagelo em cada extremidade
15) **RAM** = Resistência antimicrobiana
16) **Anaeróbios** = Microrganismos que podem sobreviver na ausência de oxigénio atmosférico
17) **Antagónica** = Apresenta uma resposta inibitória/cida a outra
18) **Anti-helmíntico** = Medicamentos/químicos utilizados contra helmintos/infecções helmínticas

19) **Resistência aos antibióticos** = ABR; a capacidade das bactérias para escapar ao efeito dos antibióticos

20) **Antibióticos** = Medicamentos/químicos utilizados contra bactérias/infecções bacterianas

21) Anticorpo = Glicoproteína produzida pelo sistema imunitário contra um antigénio específico

22) **Antifúngicos** = Medicamentos/químicos utilizados contra fungos/infecções fúngicas

23) Resistência **antifúngica** = Capacidade dos fungos para escapar ao efeito dos antifúngicos

24) Antigénio = Corpo estranho capaz de ativar o sistema imunitário

25) **Fármacos antimicrobianos** compostos químicos, incluindo fármacos produzidos naturalmente, derivados semi-sintéticos e compostos sintéticos, que visam estruturas e enzimas microbianas específicas, matando micróbios específicos ou inibindo o seu crescimento.

26) **Os péptidos antimicrobianos (PAM)** são uma classe de mediadores químicos não específicos, derivados de células, com propriedades antimicrobianas de largo espetro.

27) **Resistência antimicrobiana** = RAM; capacidade de os microrganismos escaparem ao efeito dos antimicrobianos

28) **Antimicrobianos** = Medicamentos/químicos utilizados contra microrganismos/infecções microbianas

29) Antiparasitários = Medicamentos/químicos utilizados contra parasitas/infecções parasitárias

30) Antiprotozoários = Medicamentos/químicos utilizados contra protozoários/infecções por protozoários

31) Produto químico antimicrobiano **anti-sético** que pode ser utilizado com segurança em tecidos vivosSoro antisséptico obtido de um animal que contém anticorpos contra um antigénio específico que foi introduzido artificialmente no animal

32) Anti-sépticos = Antimicrobianos aplicados sobre tecidos vivos

33) Antivirais = Medicamentos/químicos utilizados contra vírus/infecções virais

34) Resistência antiviral = Capacidade dos vírus para escapar ao efeito dos antivirais

35) **arbovírus** qualquer um de uma variedade de vírus que são transmitidos por vectores artrópodes.

36) Archaea = Domínio de organismos procarióticos, morfologia semelhante à das bactérias mas bioquímica única contra os microrganismos

37) Archaea qualquer um dos vários microrganismos procarióticos unicelulares, normalmente com paredes celulares contendo pseudopeptidoglicanos

38) **Ascocarpos** corpos de frutificação em forma de taça de um fungo ascomiceto

39) **Ascósporo** esporo assexuado produzido por fungos ascomicetos

40) Estrutura do **asco** de fungos ascomicetos que contêm esporos

41) Estado de esterilidade por **assepsia** resultante da utilização adequada de protocolos de controlo microbiano

42) Aseptada = Célula microbiana sem septos

43) Asséptico = Esterilizado/livre de micróbios

44) Método ou protocolo **de técnica asséptica** concebido para evitar a contaminação microbiana de objectos, locais ou tecidos esterilizados

45) **Aspergilose** infeção fúngica causada pelo fungo *Aspergillus*; os doentes imunocomprometidos estão principalmente em risco

46) AST = Antimicrobial Sensitivity (Susceptibility) Testing (Teste de sensibilidade (suscetibilidade) antimicrobiana); Procedimento para testar a sensibilidade dos antimicrobianos

47) **Portador assintomático** um indivíduo infetado que não apresenta sinais ou sintomas de doença, mas que é capaz de transmitir o agente patogénico a outros.

48) ATCC = American Type Culture Collection; Organização que armazena e fornece microrganismos padrão

49) ATP = Adenosina Trifosfato; moeda energética da célula/forma de armazenamento de energia num sistema vivo

50) Atrichous = Sem flagelos

51) Atenuar = Reduzir a virulência de um agente patogénico

52) Autoclave = Equipamento de esterilização que utiliza uma haste quente pressurizada; esterilizar utilizando um autoclave

53) **Autoclave** dispositivo especializado para a esterilização por calor húmido de materiais através da aplicação de pressão ao vapor, permitindo que o vapor atinja temperaturas superiores ao ponto de ebulição da água
54) Autotrófico= Organismo que pode sintetizar o seu próprio alimento
55) Bacillus = Bactéria em forma de bastonete
56) Bacteremia = Presença de bactérias no sangue
57) **Bacteremia** condição marcada pela presença de bactérias no sangue
58) Bactéria = Um domínio de organismo procariótico, microscópico e unicelular
59) **Bactéria** (singular: bactéria) qualquer um dos vários microrganismos procarióticos unicelulares que normalmente (mas nem sempre) têm alvéolos celulares que contêm peptidoglicano
60) Bacteriana = Causada/relacionada com bactérias
61) Cultura bacteriana = Bactérias cultivadas num meio de cultura
62) camada de crescimento bacteriano confluente numa placa de ágar
63) **meningite bacteriana** infeção bacteriana que resulta numa inflamação das meninges
64) **vaginose bacteriana** uma condição causada por um crescimento excessivo de bactérias na vagina que pode ou não causar sintomas
65) Bactericida = Substância que tem a capacidade de matar bactérias
66) **bactericida** inibição irreversível da capacidade de divisão de um micróbio
67) **bactericida** tratamento químico ou físico que mata as bactérias
68) **bacterioclorofilas** pigmentos verdes, roxos ou azuis das bactérias; são semelhantes à clorofila das plantas
69) Bacteriologia = Estudo das Bactérias
70) **bacteriologia** o estudo das bactérias
71) Bacteriófago = Vírus que podem infetar bactérias
72) vírus **bacteriófago** que infecta bactérias
73) Bacteriostático = Substância com capacidade para inibir o crescimento/multiplicação de bactérias
74) **bacteriostático** com capacidade de inibir o crescimento bacteriano, geralmente por meio de tratamento químico ou físico; inibição reversível da capacidade de divisão de um micróbio.

75) Bacteriúria = Presença de bactérias na urina

76) Meio basal = Meio de cultura com um mínimo de nutrição que é enriquecido com substâncias altamente nutritivas para produzir meios de enriquecimento/especiais

77) **Basídios** (basidium, sing.) pequenas estruturas em forma de clube de fungos basidiomicetos onde são produzidos basidiósporos basidiocarpos corpos de frutificação de fungos basidiomicetos basidiósporos esporos produzidos sexualmente através de brotamento em fungos basidiomicetos

78) **Betaproteobactérias** classe de Proteobactérias que são todas eutróficas

79) **fissão binária** forma predominante de reprodução bacteriana em que uma célula se divide em duas células filhas de igual tamanho, que se separam, recebendo cada descendência uma cópia completa do genoma parental

80) **binóculo** com duas oculares

81) **A nomenclatura binomial** é uma convenção universal para a designação científica de organismos que utiliza nomes latinizados para o género e a espécie

82) Caracterização bioquímica = Classificação de microrganismos com base em caracteres bioquímicos

83) Testes bioquímicos = Conjunto de testes para identificar as caraterísticas bioquímicas de um microrganismo

84) Biofilme = Uma película espessa/agregado de bactérias formado numa matriz extracelular espessa e viscosa

85) **biofilme** ecossistema complexo de bactérias embebidas numa matriz

86) **ciclo biogeoquímico** reciclagem de matéria inorgânica entre os organismos vivos e o seu ambiente não vivo.

87) Risco biológico = Componentes biológicos que são perigosos

88) Bactérias bioluminescentes = Bactérias que emitem luz

89) Ágar sangue = Meio de cultura enriquecido com sangue

90) Infecções transmitidas pelo sangue = Infecções transmitidas pelo sangue

91) Antibióticos de largo espetro = Antibióticos que actuam contra uma vasta gama de bactérias (tanto Gram-positivas como negativas)

92) Caldo = Meio de cultura líquido

93) BSC = Cabina de segurança biológica

94) Tampão = Solução que resiste à alteração do pH de uma solução

95) Revestimento proteico do capsídeo que envolve o genoma do vírus

96) **coloração de cápsulas** uma técnica de coloração negativa que cora à volta de uma cápsula bacteriana, deixando a cápsula transparente

97) Tipo de **cápsula** de glicocálix com camadas organizadas de polissacáridos que ajudam na aderência bacteriana a superfícies e na evasão à destruição por células imunitárias

98) Fonte de carbono = Nutriente/componente de um meio de cultura que fornece carbono para o crescimento microbiano

99) **Envelope celular** a combinação de estruturas celulares externas (por exemplo, membrana plasmática),

100) **Membrana celular** bicamada lipídica com proteínas e hidratos de carbono incorporados que define o limite da célula (também designada por membrana citoplasmática ou membrana plasmática)

101) **Morfologia** celular forma, estrutura e arranjo da célula, como visto microscopicamente.

102) **Teoria Celular** a teoria de que todos os organismos são compostos por células e que a célula é a unidade fundamental da vida.

103) **Parede celular** uma estrutura no invólucro celular de algumas células que ajuda a célula a manter a sua forma e a suportar alterações na pressão osmótica

104) **Parede celular**, membrana externa, glicocálice) que contêm coletivamente o citoplasma e as estruturas internas de uma célula.

105) **Imunidade celular Imunidade** adaptativa que envolve células T e a destruição de agentes patogénicos e células infectadas.

106) **Celulite** uma infeção da pele subcutânea que se desenvolve na derme ou na hipoderme, resultando numa inflamação vermelha e dolorosacelulose um polissacárido estrutural composto por monómeros de glucose ligados entre si numa cadeia linear por ligações glicosídicas

107) **Centers for Disease** Control and Prevention (CDC), a agência nacional de saúde pública dos Estados Unidos.

108) **Dogma central** princípio científico que explica o fluxo da informação genética do ADN para o ARN e para a proteína

109) **Sistema Nervoso Central** (SNC) parte do sistema nervoso constituída pelo cérebro e pela medula espinal.

110) **Tolerância central** seleção negativa de células T auto-reactivas no timo

111) Cadeia = Disposição de células microbianas em forma de linha

112) **meios quimicamente definidos** meios em que todos os componentes estão quimicamente definidos

113) Quitina = Proteína da parede celular do fungo

114) polissacárido **de quitina** que é um componente importante das paredes celulares dos fungos

115) **clamídia** uma IST comum causada pela *Chlamydia trachomatis*

116) **cólera** doença gastrointestinal causada pelo *Vibrio cholera* caracterizada por diarreia grave

117) **cromatina** combinação de ADN com proteínas de ligação ao ADN

118) Cromossoma = ADN genómico da bactéria

119) **clonar** uma célula ou um indivíduo geneticamente idêntico

120) Aglomerado = Disposição de células microbianas num grupo

121) Coagulase = enzima microbiana que pode coagular o plasma

122) Teste da coagulase = Teste para detetar a capacidade de um micróbio produzir coagulase

123) Co-cultura/Consórcio = Crescimento mútuo de duas espécies/géneros diferentes de micróbios numa única cultura

124) **Hifas coenocíticas** Hifas não septadas que são multinucleadas e não possuem paredes celulares ou membranas entre as células; caraterística de alguns fungos.

125) Coliforme = Um grupo de bacilos Gram-negativos encontrados nas fezes de vertebrados

126) Colónia = Grupo visível de células microbianas desenvolvidas após cultura microbiana

127) Comensais = Flora normal

128) **constipação comum** causa mais comum de rinite nos seres humanos; associada a uma variedade de adenovírus, coronavírus e rinovírus.

129) Meios complexos = Meios que suportam o crescimento de uma vasta gama de micróbios

130) Microscópio composto = Microscópio de luz que utiliza dois conjuntos de lentes

131) Conjugação = Transferência de ADN bacteriano por contacto direto entre duas células bacterianas

132) Crescimento contaminado = Cultura microbiana com microrganismos não desejados/não inoculados

133) Contaminação = Introdução de microrganismos indesejáveis

134) Contador Coulter = Dispositivo utilizado para contar células microbianas numa suspensão

135) Criopreservação = Preservação de células microbianas a temperaturas muito baixas

136) Cultura = Isolamento e multiplicação de uma única espécie de microrganismos

137) Cultura = crescimento/multiplicação de microrganismos; meio de cultura com microrganismos crescidos

138) Meio de cultura = Substância nutritiva que suporta o crescimento de microorganismos

139) Decompositores = Microorganismos que degradam matérias orgânicas complexas numa forma mais simples

140) Descontaminação = esterilização de uma amostra/objeto; remoção de microrganismos vivos

141) Dessecação = Remoção de água

142) Diatomáceas = Algas microscópicas, unicelulares

143) Difusão = Espalhar-se por uma matriz de meio ou gel

144) Diluição = Suspensão de microrganismos ou produtos químicos numa determinada proporção

145) Dinoflagelados = Algas unicelulares com dois flagelos

146) Difteróide = Bactérias comensais morfologicamente semelhantes à *C. diphtheriae*

147) Diplococo = Disposição de células microbianas num grupo de duas

148) Microscopia direta = Contagem de células microbianas numa amostra utilizando um microscópio

149) Disco = Um pequeno pedaço de papel de filtro circular (geralmente 6 mm) utilizado principalmente para transportar antibióticos ou produtos químicos para teste

150) Desinfetante = Produtos químicos que matam/inibem os microrganismos (utilizados em superfícies inanimadas)

151) Desinfeção = Remoção de microrganismos (principalmente da superfície inanimada)

152) Eletroforese = Técnica de separação de macromoléculas e ácidos nucleicos utilizando eletricidade sobre gel de agarose

153) ELISA = Enzyme Linked Immunosorbent Assay (ensaio de imunoabsorção enzimática); uma técnica de deteção

154) Endotoxina = lipopolissacárido pirogénico presente sobretudo na parede celular das bactérias Gram-negativas; toxina presente na célula bacteriana

155) Febre entérica = febre tifoide/paratofóide

156) Enterobacterales /Bactérias entéricas = Bactérias encontradas no trato gastrointestinal; Membros de Enterobacteriaceae

157) Enterotoxina = Exotoxina que afecta as células intestinais

158) ESBL = Extended Spectrum -Lactamase; um tipo de enzima -Lactamase

159) ETC = Cadeia de Transporte de Electrões

160) Eubactérias = Um domínio de procariotas que inclui as bactérias verdadeiras

161) Exotoxina = Toxina libertada fora da célula microbiana

162) Extremófilos = Organismos que se desenvolvem em ambientes extremos

163) Aeróbio facultativo = microrganismo aeróbio que pode sobreviver mesmo em condições anaeróbias

164) Anaeróbio facultativo = Anaeróbio que pode sobreviver mesmo na presença de oxigénio

165) Fermentação = decomposição anaeróbia de uma substância orgânica (açúcar) em álcool, ácido ou gás por microrganismos

166) Filamentoso = morfologia dos microrganismos semelhante a um fio longo

167) Fímbrias = apêndices proteicos finos mais pequenos do que os flagelos

168) Flagelos = apêndices salientes semelhantes a pêlos no microrganismo que proporcionam motilidade

169) Flagelados = Micróbios com flagelos

170) Microscópio de fluorescência = Microscópio que utiliza uma amostra tingida fluorescente e a luz emitida pela amostra para formar uma imagem ampliada da amostra

171) **Fungi** (singular: fungo) qualquer um dos vários organismos eucarióticos unicelulares ou multicelulares, normalmente com paredes celulares feitas de quitina e sem pigmentos fotossintéticos, tecidos vasculares e órgãos.

172) **Fungicida** tratamento químico ou físico que mata os fungos

173) **Fungistático** com capacidade para inibir o crescimento de fungos, geralmente por meio de tratamento químico ou físico

174) Fungos = Reino que inclui organismos eucarióticos com quitina como componente da parede celular

175) Teoria dos germes = Um princípio que define a relação entre os germes e a doença

176) Fase Germinal = Fase dos micróbios em que se podem replicar

177) Germes = Microorganismos que podem causar doenças/infecções; agentes patogénicos

178) Bactérias planadoras = Bactérias com motilidade planadora

179) Globulinas = Anticorpos

180) Gram Negativo = Bactérias que se coram de vermelho ou rosa após coloração de Gram

181) Gram positivo = Bactérias que se coram de púrpura ou violeta após coloração de Gram

182) Coloração de Gram = Uma coloração composta por violeta de cristal, iodo e safranina utilizada para diferenciar bactérias

183) Coloração de Gram = Técnica de coloração que utiliza corantes de Gram

184) Meio de crescimento = Meio de cultura

185) Halófilos = microrganismos que gostam de sal

186) Perigo = Um grande risco

187) Hemólise = decomposição das hemácias

188) Bactérias hemolíticas = Bactérias capazes de decompor as hemácias

189) Heterotróficos = Organismos que dependem de outros para se alimentarem/nutrirem

190) Hospedeiro = Corpo vivo que fornece nutrição ao parasita

191) Imune = Resistente

192) Imunocomprometido = Sistema imunitário suprimido

193) Imunidade = Resistência às infecções

194) Imunização = Vacinação

195) Imunodeficiência = Falta de capacidade do sistema imunitário para resistir a infecções

196) Imunogénio = Antigénio/agente infecioso

197) Imunogénico = Capaz de estimular o sistema imunitário

198) Imunoglobulina = Anticorpos

199) In Vitro =Em laboratório; fora do habitat natural

200) In Vivo =No habitat natural

201) Incubar = Conservar/manter em condições ambientais para o crescimento microbiano

202) Incubação = Manter o meio inoculado à temperatura ambiente e em condições atmosféricas para o crescimento microbiano

203) Incubadora = Dispositivo que mantém as condições ambientais para o crescimento microbiano

204) Organismos indicadores/Indicador = Microrganismos que indicam a presença de certos agentes patogénicos sem isolar efetivamente os agentes patogénicos

205) Infeção =Invasão do tecido por um ou mais organismos patogénicos e estabelecimento da doença

206) Infecioso = Capaz de causar infeção

207) Inibição = Interferência e supressão do crescimento/multiplicação microbiana

208) Zona inibitória = Uma zona de inibição formada à volta de uma substância antimicrobiana

209) Inocular = Introduzir/transferir microrganismos para algo

210) Alça de inoculação = Ferramenta com uma alça na extremidade que é utilizada para transferir microrganismos

211) Fio de inoculação =Ferramenta com um fio reto que é utilizada para transferir microrganismos

212) Inoculação = Introdução (transferência) de microrganismos

213) Inóculo = Substância/amostra com microrganismos a testar

214) Invasivo = Capaz de penetrar na camada de tecido

215) Postulados de Koch = Critérios para definir um microrganismo como causador de uma doença

216) LAB = Bactérias do ácido lático; bactérias que produzem ácido lático

217) Cabina/capela de fluxo de ar laminar=Dispositivo utilizado para evitar a contaminação da e pela amostra

218) Classificação de Lancefield = esquema de classificação de *Streptococcus spp.* baseado em caraterísticas serológicas (antigénios de superfície)

219) Latente = Existente sem apresentar sintomas

220) Infeção latente = Infeção sem sintomas observáveis

221) Letal = Potencial para tirar a vida

222) Dose Letal (DL)= Quantidade de toxina que é suficiente para matar

223) Líquen = Associação obrigatória de fungos e algas

224) Microscópio de luz = Microscópio que utiliza luz visível

225) Meios líquidos = Caldo/meios de cultura em estado líquido

226) LPS = Lipopolissacárido

227) Lisogenia = Um tipo de ciclo de vida dos vírus (bacteriófagos) que utiliza o ADN bacteriano integrado no genoma viral para a multiplicação/replicação

228) MBC = Concentração bactericida mínima; concentração mínima de antibióticos necessária para matar as bactérias

229) Solução padrão de McFarland = Solução de cloreto de bário a 1% e ácido sulfúrico a 1% numa concentração fixa

230) MDR = Resistente a múltiplos medicamentos

231) Mesófilos = Microrganismos cuja temperatura ambiente de crescimento se situa entre 20 e 45^0C

232) Metabolismo =Reacções químicas que ocorrem no interior das células vivas

233) Metanogénios = Microrganismos que produzem gás metano durante o metabolismo

234) CIM = condição inibitória mínima; concentração mínima de antimicrobiano necessária para inibir o crescimento microbiano

235) Microaerófilo = Microrganismo que pode sobreviver na presença de uma concentração muito baixa de oxigénio

236) Flora microbiana = microrganismos que vivem normalmente na superfície do nosso corpo sem causar doenças

237) Microscópio = Dispositivo utilizado para formar uma imagem altamente ampliada de objectos minúsculos para uma visualização clara

238) Microscopia = Utilização do microscópio para produzir uma imagem ampliada de objectos microscópicos

239) Bolor = fungos filamentosos/fungos com corpo micelial

240) Monoclonal = Originário de uma única célula

241) NMP = Número mais provável; uma técnica utilizada para estimar a concentração microbiana viável numa amostra

242) Mutante = Organismo com uma determinada mutação que o torna diferente dos seus progenitores

243) Mutação = Alteração súbita do gene

244) Micélio = Estrutura alongada e ramificada de hifas

245) Micologia = Estudo dos fungos

246) Bactérias negativas =Bactérias Gram negativas

247) Sem crescimento = Ausência de multiplicação microbiana e de formação de colónias visíveis

248) Bactérias não cultiváveis = Bactérias que não podem ser cultivadas in vitro em meios de cultura

249) Meios não selectivos = Meios de cultura que suportam o crescimento de uma vasta gama de meios e produzem colónias semelhantes para diferentes espécies microbianas

250) Nosocomial = Nascido/adquirido no hospital

251) Aeróbio Obrigatório = Organismos que não conseguem sobreviver sem oxigénio

252) Anaeróbio obrigatório = Organismo que não consegue sobreviver na presença de oxigénio

253) Parasita obrigatório = Parasita que não pode viver fora do hospedeiro

254) Oncogene = Gene capaz de desencadear uma mutação na célula que provoca o desenvolvimento do cancro

255) Bactérias oxidantes = Bactérias que oxidam determinados componentes/substratos

256) PCR = Reação em cadeia da polimerase; uma técnica molecular para amplificar o ácido nucleico

257) Plasmídeo = ADN circular, de cadeia dupla, extracromossómico de bactérias

258) Teste presuntivo = Teste bioquímico para presumir a presença de microrganismos específicos numa amostra

259) Priões = Pequenos agentes infecciosos proteicos desprovidos de ácido nucleico

260) Probióticos = Microrganismos viáveis que são consumidos para promover a flora intestinal e a saúde intestinal

261) Pseudo-hifas = Arranjo de células de levedura que dá a aparência de uma hifa

262) Psicrófilos =Microorganismos que se desenvolvem no frio

263) Análise Qualitativa/Teste = Teste para identificar microrganismos numa amostra

264) Análise Quantitativa/Teste = Testes para identificar e contar o número de microrganismos numa amostra

265) Quorum Sensing = Comportamento/comunicação coordenada na comunidade microbiana/bacteriana

266) Teste rápido = Testes utilizados para a identificação rápida de um microrganismo desconhecido

267) ADN recombinante = Um ADN combinado quimicamente que contém porções de ADN de diferentes organismos

268) Replicação = Produção de cópias exactas

269) Respiração = Quebra de uma molécula orgânica (glucose) no interior da célula produzindo ATP

270) Enzima de Restrição = Enzimas bacterianas que clivam o ADN em sítios específicos

271) Transcrição reversa = Processo de formação de ADN a partir de ARN

272) RIA = Radioimunoensaio

273) ARN = Ácido ribonucleico

274) Amostra = Espécime/Material de onde se pretende isolar os microrganismos

275) Meios selectivos = Meios que permitem seletivamente o crescimento de certas espécies de microrganismos, inibindo o crescimento de outras

276) SEM = Microscópio Eletrónico de Varrimento

277) Septado =Dividido

278) Serovar = Serótipo; estirpes bacterianas ou virais com todos os caracteres iguais, mas com antigénios diferentes, que estimulam o sistema imunitário do hospedeiro a produzir anticorpos diferentes

279) Bactérias com bainha = Bactérias dispostas em filamentos cobertos por uma bainha mucilaginosa

280) Camada viscosa = Uma camada viscosa exterior em algumas bactérias composta por polissacáridos, glicolípidos e glicoproteínas.

281) Espécie = Uma categoria taxonómica abaixo do género que pode cruzar entre si

282) Espiroquetas = Grupo de bactérias com forma espiralada

283) Esporo = Estágio dormente de paredes espessas de bactérias ou fungos que pode se desenvolver em um indivíduo viável

284) Esporulação = Processo de formação de esporos

285) Staph = *Staphylococcus*

286) Esterilização = Processo de remoção (morte) de todos os microorganismos viáveis

287) Estirpe = Variantes da mesma espécie resultantes de certas variações/mutações nos seus genes

288) Strep= *Streptococcus*

289) Subespécie = Uma categoria taxonómica abaixo da espécie, incluindo organismos que são morfologicamente distintos mas que podem cruzar-se entre si

290) Sub-tipo = Deformação

291) Taq Polimerase = enzima polimerase bacteriana derivada de *Thermus*

292) TEM = Microscópio Eletrónico de Transmissão

Termos utilizados em microbiologia

293) Termófilos = Organismos que se desenvolvem a temperaturas superiores a 45^0C

294) Termotolerantes = Organismos cuja temperatura ambiente é inferior a 45^0C, mas que podem mesmo sobreviver e crescer a temperaturas superiores a 45^0C

295) Transcrição = Processo de formação de ARN a partir do ADN

296) Transdução= Introdução de um gene/ADN estranho no ADN bacteriano através de um vírus

297) Transformação = Transferência de material genético (ADN) diretamente de uma bactéria para outra através de uma membrana celular

298) Transgénico = Organismo cuja genética foi alterada pela incorporação de um gene/segmento de ADN estranho

299) Tradução = Processo de formação (descodificação) de proteínas a partir do ARN

300) Transmissão = Transferência de agentes patogénicos de um hospedeiro para outro

301) Transposição = Transferência de ADN/gene de um local para outro

302) Teste da urease = Teste bioquímico para detetar a produção da enzima urease por bactérias.

303) Vacina = Medicamento que estimula a resposta imunitária do organismo para proteger e prevenir infecções

304) Variantes = Subtipos (geralmente de vírus e bactérias) que são geneticamente diferentes, mas a diferença genética não é suficiente para ser classificada como uma estirpe separada

305) Viável = Vivo

306) Virologia = Estudo dos vírus

307) Virulência = Capacidade do microrganismo para danificar as células/componentes do hospedeiro

308) Fator de virulência = Moléculas segregadas pelos agentes patogénicos ou expressas no seu interior que lhes permitem estabelecer a infeção

309) Vírus = Agentes infecciosos parasitas obrigatórios auto-replicantes com apenas um tipo de ácido nucleico no seu genoma

310) Coluna de Winogradsky = Instrumento que actua como um ecossistema autossuficiente utilizado para estudar a diversidade microbiana de um ambiente.

311) Xanthophyta = Algas verde-amarelas.

312) Leveduras = Fungos unicelulares.

313) ZN-stain = Procedimento de coloração utilizado para corar bactérias ácido-resistentes (Mycobacteria)

314) Zona de Inibição = Uma zona clara sem crescimento microbiano visível à volta do componente antimicrobiano.

315) Zoonoses = Infecções transmitidas por animais

Referências

1) Editor(es) convidado(s): Ian L. Pepper, Charles P. Gerba, e Terry J. GentryPMC7149531.
2) World of Microbiology and Immunology K. Lee Lerner e Brenda Wilmoth Lerner, Editores. Volumes 1 e 2. 2003. The Gale Group, Inc. 27500 Drake Road Farmington Hills, MI, 48331-3535.
3) Microbiologia de Prescott, 12ª Ed. 2019. Joanne Willey, Kathleen Sandman e Dorothy Wood. Publicação McGraw Hill.
4) Livro de texto de microbiologia por Surinder Kumar. 2012. Jaypee Brothers Medical Publishers (P) Ltd. ISBN: 978-93-5025-510-0
5) Microbiologia Médica de Jawetz, Melnick e Adelberg. 25ª Eds. Edição Internacional. 2001. Publicação McGraw Hill
6) Livro-texto de Microbiologia e Imunologia. 2ª Eds. Por Subash Chandra Parija. Publicação da Elsevier.
7) Fundamentos de Microbiologia Médica. 4ª Eds. Por Rajesh Bhatia e Rattan Lal Ichhpujani. 2008. Jaypee Brothers Medical Publishers (P) Ltd
8) Leber, Amy L., chefe de redação. (2016). Manual de procedimentos de microbiologia clínica (Quarta edição). Washington, DC : ASM Press 1752 N St., N.W., [2016]
9) Tille, P. M., & Forbes, B. A. (2014). Microbiologia diagnóstica de Bailey & Scott (Décima terceira edição.). St. Louis, Missouri: Elsevier.
10) Microbiologia de A a Z explicada - Micropia - Micropia
11) Palavras de Microbiologia - 400+ Palavras relacionadas com Microbiologia (relatedwords.io)
12) https://www.adamequipment.com/aeblog/what-are-analytical-balances
13) https://pharmawiki.in/autoclave-sterilization-principle-working-pdf-ppt-autoclave-validation-autoclave-diagram/
14) https://www.britannica.com/science/Bunsen-burner
15) https://www.biocompare.com/Lab-Automation-High-Throughput/11357-Colony-Counters/
16) https://www.prestogroup.com/articles/deep-freezers-for-medical-laboratories/
17) https://www.sciencedirect.com/topics/engineering/magnetic-stirrer
18) Técnicas básicas de microbiologia. Recuperado de https://labmonk.com/blog/basic-techniques-of-microbiology/

19) Técnicas laboratoriais básicas de microbiologia. Recuperado de http://www.biocourseware.com/iphone/vml/bmlt/index.html

20) Técnicas de microbiologia: Aplicações e usos. Recuperado de https://microbiologyclass.com/microbiology-techniques-applications-and-uses/

21) Técnicas laboratoriais microbiológicas. Recuperado de https://clinicalgate.com/microbiological-laboratory-techniques/#

22) Varghese, Naveena & Joy, P.P. (2014). Manual de Laboratório de Microbiologia.

23) Quais são as principais actividades de um laboratório de microbiologia? Retirado de https://lab-training.com/what-are-the-key-activities-in-a-microbiology-laboratory/

FSC
www.fsc.org
MIX
Papier aus verantwortungsvollen Quellen
Paper from responsible sources
FSC® C105338

Printed by Books on Demand GmbH, Norderstedt / Germany